Flag Publishing

http://www.flag.com.tw

旗 標 事 業 群

好書能增進知識 提高學習效率 卓越的品質是旗標的信念與堅持

Flag Publishing
http://www.flag.com.tw

Python ライブラリ厳選レシピ

Python

函式庫 語法範例字典

感謝您購買旗標書,
記得到旗標網站
www.flag.com.tw
更多的加值內容等著您…

● FB 官方粉絲專頁:旗標知識講堂

● 旗標「線上購買」專區:您不用出門就可選購旗標書!

● 如您對本書內容有不明瞭或建議改進之處, 請連上旗標網站, 點選首頁的 聯絡我們 專區。

若需線上即時詢問問題,可點選旗標官方粉絲專頁留言詢問, 小編客服隨時待命, 盡速回覆。

若是寄信聯絡旗標客服email, 我們收到您的訊息後, 將由專業客服人員為您解答。

我們所提供的售後服務範圍僅限於書籍本身或內容表達不清楚的地方, 至於軟硬體的問題, 請直接連絡廠商。

學生團體 訂購專線:(02)2396-3257 轉 362
傳真專線:(02)2321-2545

經銷商 服務專線:(02)2396-3257 轉 331
將派專人拜訪
傳真專線:(02)2321-2545

國家圖書館出版品預行編目資料

Python 函式庫語法範例字典 / 池內 孝啟・鈴木 たかのり・石本 敦夫・小坂 健二郎・真嘉比 愛 著; 林子政 譯

臺北市:旗標, 2016.08 面; 公分

ISBN 978-986-312-367-5 (平裝)

1. Python (電腦程式語言)

312.32P97 105014657

作 者/池內 孝啟・鈴木 たかのり・石本 敦夫・小坂 健二郎・真嘉比 愛

翻譯著作人/旗標科技股份有限公司

發 行 所/旗標科技股份有限公司
台北市杭州南路一段15-1號19樓

電 話/(02)2396-3257(代表號)

傳 真/(02)2321-2545

劃撥帳號/1332727-9

帳 戶/旗標科技股份有限公司

監 督/楊中雄

執行企劃/張根誠

執行編輯/張根誠

美術編輯/林美麗

封面設計/古鴻杰

校 對/張根誠

新台幣售價:450 元

西元 2023 年 6 月初版 7 刷

行政院新聞局核准登記-局版台業字第 4512 號

ISBN 978-986-312-367-5

序

Python 可應用於各式各樣的狀況，從 Web 應用程式開發到統計分析，是一種泛用的程式語言，Python 在一些著名的公司如 Google 或 Dropbox 受到重用，近來的人氣愈來愈高。喜歡 Python 的幾個原因就是它簡單、好學，並有豐富的標準函式庫可以使用，本書的介紹即聚焦於其豐富的函式庫。

Python 標準函式庫中提供了 XML 與 JSON 存取、數值計算與並行處理等功能，使用者不須針對各種功能而準備就可直接使用。標準函式庫中沒有的功能，也可從套件索引服務 PyPI (https://pypi.python.org/pypi) 中取得第三方提供的套件，PyPI 由全球所有 Python 使用者登錄並發佈套件，目前為止已超過 60,000 個套件。

學習 Python 時，對於這麼大的函式庫該如何使用，一定產生很大的困擾。本書從 Python 標準函式庫、第三方套件中，以便利性為考量集結成冊。本書以逆向檢索字典為架構，添加作者們的學習經驗，希望能對讀者有所幫助。

本書對象主要是具有 Python 基礎知識的讀者，因此內容不會解釋語法及語言規格，此外，針對一些如 Django、Pyramid 具代表性的 Web 應用程式框架與 Sphinx、Ansible 等 Python 工具，礙於篇幅不會做介紹。

最後作為本書的撰寫與製作，由心感謝各位夥伴的協助及幫忙，藉由本書作為協助大家學習 Python 的角色，感謝大家對 Python 的普及與發展貢獻心力。

作者全體

本書使用方法

頁面結構

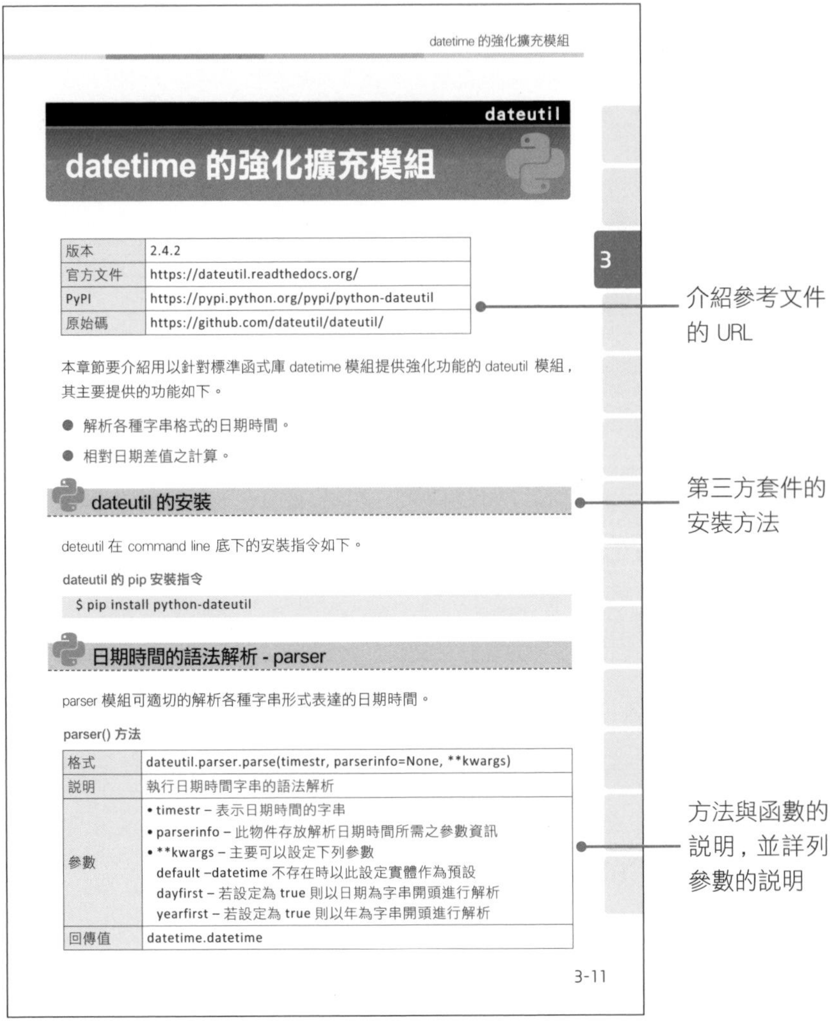

datetime 的強化擴充模組

dateutil

datetime 的強化擴充模組

版本	2.4.2
官方文件	https://dateutil.readthedocs.org/
PyPI	https://pypi.python.org/pypi/python-dateutil
原始碼	https://github.com/dateutil/dateutil/

介紹參考文件的 URL

本章節要介紹用以針對標準函式庫 datetime 模組提供強化功能的 dateutil 模組，其主要提供的功能如下。

- 解析各種字串格式的日期時間。
- 相對日期差值之計算。

dateutil 的安裝

第三方套件的安裝方法

deteutil 在 command line 底下的安裝指令如下。

dateutil 的 pip 安裝指令

```
$ pip install python-dateutil
```

日期時間的語法解析 - parser

parser 模組可適切的解析各種字串形式表達的日期時間。

parser() 方法

格式	dateutil.parser.parse(timestr, parserinfo=None, **kwargs)
說明	執行日期時間字串的語法解析
參數	• timestr – 表示日期時間的字串 • parserinfo – 此物件存放解析日期時間所需之參數資訊 • **kwargs – 主要可以設定下列參數 default –datetime 不存在時以此設定實體作為預設 dayfirst – 若設定為 true 則以日期為字串開頭進行解析 yearfirst – 若設定為 true 則以年為字串開頭進行解析
回傳值	datetime.datetime

方法與函數的說明，並詳列參數的說明

3-11

關於內文的程式

本書提供大量的程式範例輔助說明，採用**標準對話模式**與**程式碼**兩種方式。對話模式時採用「淡藍色」背景，程式碼形式則採用「白色」背景。當需要彙整一連串處理說明時，就會採用程式碼，大部份狀況都以對話模式來解說。

書中不會省略程式執行所需要的 import 語法，但在同一篇主題中，若已出現過 import，則第二次就會省略。

```
>>> relativedelta(date(2015, 1, 1), today) — 取得從今年開始的差值
relativedelta(months=-5, days=-22)

>>> relativedelta(date(2016, 1, 1), today) — 取得到明年的差值
relativedelta(months=+6, days=+9)
```

對話模式範例會以淡藍色背景顯示

```
#讀取 TSV檔案
reader1 = csv.reader('sample.tsv', delimiter='\t')

#設定識別資料內容符號為「#」並進行讀取
reader2 = csv.reader('sample.tsv', delimiter='\t', quotechar='#')
```

程式碼的範例會以白色背景顯示

操作環境

本書中使用的函式庫、程式碼與解說大多以 Python 3.4 為主，範例程式的操作確認也是於 Python 3.4 中處理。本書中的操作不適用 Python 2.7，但如套件名稱變更等，需特別註記時則會提到 2.7 的部分。

關於本書下載檔案

http://www.flag.com.tw/DL.asp?F6769

本書大部份函數程式都是在 Python 直譯器中，以標準對話模式來解說。若您閱讀到需要執行範例檔（如 *.txt、*.py）的內容時，本書的書附下載檔也提供範例程式方便您操作。舉例下載範例內 "11/P11-3/sample_module.py" 即表示第 11-3 頁所提到的程式。使用時也請留意各資料夾內的 "readme.txt" 輔助說明。

目錄

1 字串處理

4 資料型態與演算法

6 檔案與目錄的存取

7 資料壓縮

9 網路資料的處理

13 平行處理機制

字母順序索引

A

B

C

D

E

F

G

H

I

J

L

M

O

T

U

W

X

Y

Z

1

字串處理

本章要介紹開發程式的基礎, 關於字串處理的相關功能。Python 中提供很多用以操作字串的功能, 並提供數種字串類型 (str) 的方法 (Method), 熟悉這些功能後, 便可解析字串資料或調整輸出的結果。

str, string

一般的字串操作

驗證字串的型態

字串物件 (str) 中提供數種方法以驗證字串設定的型態，這些方法的回傳值皆為 Trul/False。

字串的驗證方法

方法名稱	說明
isalnum()	判斷字串中字元只有數字及文字時回傳 True
isalpha()	判斷字串只有文字時回傳 True
isdecimal()	判斷字串中所有字元為十進位數字時回傳 True
isdigit()	判斷字串中只有文字時回傳 True
isidentifier()	判斷字串可作為識別子時回傳 True
islower()	判斷字串中所有字元皆為小寫時回傳 True
isnumeric()	判斷字串中所有字元皆為數字時回傳 True, 包含國字數字
isprintable()	判斷字串中所有字元為可列印時回傳 True
isspace()	判斷字串中包含空格、跳位字元 (Tab) 等空白字串時回傳 True
istitle()	判斷當開頭字元為大寫，且之後皆為小寫字串時回傳 True
isupper()	判斷字串中所有字元皆為大寫時回傳 True

字串驗證方法的使用範例

```
>>> '123abc'.isalnum() ── 只有英數字的字串
True

>>> '123abc#'.isalnum()── 包含符號的字串
False

>>> 'abcd'.isalpha()
True
```

```
>>> '中文'.isalpha()
True

>>> 'UPPERCASE'.isupper()
True

>>> 'lowercase'.islower()
True

>>> 'Title String'.istitle()
True

>>> num = '123456789' ── 阿拉伯數字
>>> num.isdecimal(), num.isdigit(), num.isnumeric()
(True, True, True)

>>> num = '１２３４５６７８９' ── 全形的阿拉伯數字
>>> num.isdigit(), num.isdecimal(), num.isnumeric()
(True, True, True)

>>> num = '①②③④⑤' ── 圓圈數字
>>> num.isdigit(), num.isdecimal(), num.isnumeric()
(True, False, True)

>>> num = 'ⅠⅡⅢⅣⅤ' ── 羅馬數字
>>> num.isdigit(), num.isdecimal(), num.isnumeric()
(False, False, True)

>>> num = '一億二千三百四十五萬' ── 國字數字
>>> num.isdigit(), num.isdecimal(), num.isnumeric()
(False, False, True)
```

字串轉換

為了轉換字串，字串物件 (str) 提供了數種方法，這些方法的回傳值皆為字串。下列方法是針對有存在大小寫的拉丁字母有效，像是中文等則不會有任何變化。

字串的轉換

方法名稱	說明
upper()	將整個字串轉換成大寫
lower()	將整個字串轉換成小寫
swapcase()	執行大寫轉小寫，小寫轉大寫的轉換
capitalize()	將第一個字元轉成大寫，其他字元為小寫
title()	針對每個單字轉換成第 1 個字大寫 + 其他小寫的型態
replace (old, new[, count])	將 old 以 new 轉換後回傳字串。count 表示從開頭以設定的參數取代

字串取代方法的使用範例

```
>>> text = 'HELLO world!'
>>> text.upper()
'HELLO WORLD!'

>>> text.lower()
'hello world!'

>>> text.swapcase()
'hello WORLD!'

>>> text.capitalize()
'Hello world!'

>>> text.title()
'Hello World!'

>>> text.replace('world', 'python')
'HELLO python!'

>>> text.replace('L', 'l', 1) ── 只取代第 1 個 L
'HElLO world!'
```

格式化方法

下面將說明要讓字串以特定格式呈現的格式化方法 format()。

所謂格式化方法就是預先設定好格式，接著依照格式配置參數以作出特定的字串。請看下面簡單的使用範例，{} 的部份表示 format() 的參數，這部分會被指定的值取代以成為特定格式的字串。

format() 的使用範例

```
>>> '1 + 2 = {0}'.format(1 + 2)
'1 + 2 = 3'

>>> a = 2
>>> b = 3
>>> '{0} * {1} = {2}'.format(a, b, a * b)
'2 * 3 = 6'
```

格式化方法有下列兩種。

format() 方法

格式	format(*args, **kwargs)
參數	• args – 依位置參數設定格式化的值 • kwargs – 依關鍵字參數設定格式化的值

format_map() 方法

格式	format_map(mapping)
參數	• mapping – 依字典形式設定格式化的值

置換欄位的設定方法

設定格式化中置換欄位（即 {} 的部分）的方法有很多，下面將介紹幾個主要的方法。

基本的置換欄位

格式	說明
{} {}	從左開始依序置換設定的值
{0}{1}{2}	依照指定參數的位址設定值
{name}{key}	依據 kwargs 或 format_map() 中字典的鍵值置換對應的值

範例程式

```
>>> '{} is better than {}'.format('Beautiful', 'ugly')
'Beautiful is better than ugly'

>>> '{1} is better than {0}'.format('implicit', 'Explicit')
'Explicit is better than implicit'

>>> 'My name is {name}'.format(name='takanori')
'My name is takanori'

>>> person = {'name': 'takanori',
...           'twitter': 'takanory',
...          }

>>> 'My twitter id is {twitter}'.format_map(person)
'My twitter id is takanory'
```

此外當設定 list、dict 等等為參數時，還可用下面方法設定。

複雜的置換欄位

格式	說明
{0[0]}{name[0]}	取得參數的第 0 個元素值作設定
{1[key]}{name[key]}	取得參數中對應的鍵值作設定
{0.attr}{name.attr}	依據設定的參數，取得屬性值設定

複雜的格式設定方法

```
>>> words = ['spam', 'ham', 'eggs']
>>> 'I like {0[2]}'.format(words)
'I like eggs'

>>> person = {'twitter': 'takanory', 'name': 'takanori'}
>>> 'My name is {person[name]}'.format(person=person)
'My name is takanori'
```

```
>>> from datetime import datetime
>>> now = datetime.now()
>>> 'Today is {0.year}-{0.month}-{0.day}'.format(now)
'Today is 2016-8-5'
```

格式設定方法

在格式設定時為了轉換字串可設定格式，例如轉換字串時可設定數值欄位、移除空白等排版調整。格式設定於冒號 (:) 之後。

格式化設定方法列表

格式	說明
:<30 :>30 :^30	依設定寬度 (此處設定為 30) 設定靠左、靠右、置中對齊
:-<30 :->30 :^-30	依設定寬度 (此處設定為 30) 設定靠左、靠右、置中對齊，並將空格依設定取代 (此處設定 - 取代空格)
:b :o :d :x :X	分別轉換為 2 進制、8 進制、10 進制、16 進制 (小寫)、16 進制 (大寫)
:f	轉換為固定小數點位數的字串
:%	轉換為百分比顯示
:,	將數值每 3 位插入逗點 (,)
:6.2f	設定顯示位數，6 表示含小數點共 6 位數，其中小數位數為 2 位數
:%Y-%m-%d %H:%M:%S	將日期顯示轉換成特定的年月日格式，詳細請參考「3.1 日期時間操作 –datetime」

格式化設定的程式範例

```
>>> import math
>>> '|{:<30}|'.format('left align')
'|left align                    |'

>>> '|{:>30}|'.format('right align')
'|                   right align|'

>>> '|{:^30}|'.format('center')
'|            center            |'
```

```
>>> '{:-^30}'.format('center')
'------------center------------'

>>> '{0:b} {0:o} {0:d} {0:x} {0:X}'.format(1000)
'1111101000 1750 1000 3e8 3E8

>>> '{0} {0:f}'.format(math.pi)
'3.141592653589793 3.141593'

>>> '{:%}'.format(0.045)
'4.500000%'

>>> '{:,}'.format(10000000000000)
'10,000,000,000,000'

>>> '{:4.2f} {:2.2%}'.format(math.pi, 0.045)
'3.14 4.50%'

>>> from datetime import datetime
>>> now = datetime.now()
>>> 'Today is {:%Y-%m-%d}'.format(now)
'Today is 2016-06-11'

>>> 'Current time is {:%H:%M:%S}'.format(now)
'Current time is 18:41:33'
```

其他字串方法

下面介紹先前未介紹但經常使用的字串方法。

其他字串方法

方法名稱	說明	回傳值
find(sub [, start [, end]])	回傳字串中 sub 出現的位置，若不存在則回傳 -1	int
split(sep=None, maxsplit=-1)	分割字串，預設是以空白分割	list
join(iterable)	依據參數設定串接數個字串	str
startswith(prefix [, start [, end]])	判斷字串是否以特定字串開頭。prefix 可用 Tuple 型態設定多個檢驗的字串，start、end 用以設定檢驗的位置	bool

endswith(suffix [, start [, end]])	判斷字串是否以特定字串結束。 suffix 可用 Tuple 型態設定多個檢驗的字串，start、end 用以設定檢驗的位置	bool
encode(encoding="utf-8", errors="strict")	將字串轉換為設定的編碼型態。 errors 用以設定遇到無法轉換之字串時的對應方法，strict 表示顯示錯誤，ignore 表示忽略該文字，replace 則是以 ? 置換	bytes

其他字串方法的使用範例

```
>>> 'python'.find('th')
2

>>> 'python'.find('TH')
-1

>>> words = '''Beautiful is better than ugly.
... Explicit is better than implicit.'''.split()

>>> words
['Beautiful', 'is', 'better', 'than', 'ugly.', 'Explicit', 'is',
'better', 'than', 'implicit.']

>>> '-'.join(words[:5]) — 將列表以 - 串接
'Beautiful-is-better-than-ugly.'

>>> 'python'.startswith('py')
True

>>> image_suffix = ('jpg', 'png', 'gif') — 用 Tuple 型態設定圖片檔的副檔名
>>> 'image.png'.endswith(image_suffix)
True

>>> 'text.txt'.endswith(image_suffix)
False

>>> text = ' 你好嗎 abcd '
>>> text.encode('ascii') — 將混合中文的字串以 ascii 編碼
Traceback (most recent call last):
```

```
  File "<stdin>", line 1, in <module>
UnicodeEncodeError: 'ascii' codec can't encode character '\u3042' in
position 0: ordinal not in range(128)

>>> text.encode('ascii', 'ignore') —忽略中文
b'abcd'

>>> text.encode('ascii', 'replace') —將中文轉換為？
b'?abcd?'
```

使用字串常數

在 string 模組中提供下列字串常數供使用。

string 模組的常數

常數名稱	說明
string.ascii_lowercase	英文小寫字串（abcdefghijklmnopqrstuvwxyz）
string.ascii_uppercase	英文大寫字串（ABCDEFGHIJKLMNOPQRSTUVWXYZ）
string.ascii_letters	包含英文大小寫所有字母
string.digits	10 進制數字（0123456789）
string.hexdigits	16 進制數字（0123456789abcdefABCDEF）
string.octdigits	8 進制數字（01234567）
string.punctuation	符號字串（!"#$%&'()*+, -./:;<=>?@[\]^_`{|}~）
string.whitespace	空白字串（\t \n \r \x0b \x0c）
string.printable	包含 ascii_letter、digits、punctuation、whitespace 的字串

字串常數的使用範例

```
>>> import string
>>> 'a' in string.ascii_lowercase —驗證小寫
True

>>> 'a' in string.ascii_uppercase —驗證大寫
False
```

re

字串的正規表示

1

這邊將說明負責處理正規表示的 re 模組。

所謂**正規表示**即定義字串的樣式，尋找字串中與樣式一致的部分，執行置換等操作功能。例如句點 (.) 表示只要任一文字符合，因此對於樣式「a.c」，abc、acc、a0c 等字串都符合。本書中不會詳細說明正規表示，想要更了解細節的讀者可自行閱讀相關書籍。

基本函數

下面說明處理正規表示時的基本函數。

re.search() 函數

格式	re.search(pattern, string, flags=0)
說明	檢驗指定之字串是否符合正規表示。
參數	• pattern – 設定正規表示之字串 • string – 指定要驗證是否符合之字串 • flags – 設定編譯 pattern 時的模式 (關於 flags 將於後面詳述)
回傳值	匹配時回傳匹配物件，反之則回傳 None

re.match() 函數

格式	re.match(pattern , string , flags=0)
說明	檢驗指定之字串是否符合正規表示，與 search() 差別在於其只比對開頭的字串

基本的正規表示比對處理

```
>>> import re
>>> re.match('a.c', 'abc') ── 匹配時回傳匹配物件
<_sre.SRE_Match object; span=(0, 3), match='abc'>
```

```
>>> re.search('a.c', 'abc')  ─ 匹配時回傳匹配物件
<_sre.SRE_Match object; span=(0, 3), match='abc'>

>>> re.match('b', 'abc')  ─ 因為 match 從開頭比對，因此無匹配
>>> re.search('b', 'abc')  ─ search 則有匹配
<_sre.SRE_Match object; span=(1, 2), match='b'>
```

re 模組的常數 (flags)

re 模組中提供編譯正規表示時可使用的常數 (flags), 其表達方式有單一文字 (例如 A 等) 或可表達意思的單字 (例如 ASCII 等) 兩種。

下面是常用的常數，可透過 OR (|) 演算子組合使用數個常數。

re 模組的常數 (flags)

常數名稱	說明
A 或 ASCII	讓 \w 等匹配處理只針對 ASCII 的字串執行
I 或 IGNORECASE	忽略大小寫執行匹配處理
M 或 MULTILINE	^ 與 $ 匹配各行的開始與結束
S 或 DOTALL	. 涵蓋斷行符號執行匹配處理

常數的範例程式

```
>>> re.search('\w', '　你好嗎 ABC')
<_sre.SRE_Match object; span=(0, 1), match='　'>

>>> re.search('\w', '　 ABC', flags=re.A)  ─ 只比對 ASCII 字串
<_sre.SRE_Match object; span=(5, 6), match='A'>

>>> re.search('[abc]+', 'ABC')
>>> re.search('[abc]+', 'ABC', re.I)  ─ 忽略大小寫
<_sre.SRE_Match object; span=(0, 3), match='ABC'>

>>> re.match('a.c', 'A\nC', re.I)
>>> re.match('a.c', 'A\nC', re.I | re.S)  ─ 設定多個常數
<_sre.SRE_Match object; span=(0, 3), match='A\nC'>
```

正規表示物件

使用正規表示時，例如上面介紹的 re.search()、re.match() 都會回傳一個正規表示物件，接著對其進行操作，這個物件是透過 re.compile() 建立的。

re.compile() 方法

格式	re.compile(pattern, flags=0)
說明	編譯正規表示式，回傳正規表示物件
參數	• pattern – 設定正規表示之字串 • flags – 設定編譯 pattern 時的模式
回傳值	正規表示物件

下面列出正規表示物件能用的幾個主要方法，所有方法的呼叫方式皆以 **re. 方法名稱 (patter, 其他參數)** 的樣式使用。

正規表示物件的方法

方法名稱	說明	回傳值
search(string [, pos [, endpos]])	回傳符合正規表示之字串。 pos、endpos 用以表示匹配處理的執行位置	匹配物件或 None
match(string [, pos [, endpos]])	回傳符合正規表示之字串。 與 search() 差別在於其從字串開頭開始比對	匹配物件或 None
fullmatch(string [, pos [, endpos]])	回傳符合正規表示的所有字串	匹配物件或 None
split(string , maxsplit=0)	回傳符合正規表示的字串分割列表。 Maxsplit 設定分割的最大次數	字串的 list
sub(repl , string , count=0)	將符合正規表示的字串以 repl 取代	str
findall(string [, pos [, endpos]])	回傳符合正規表示的字串列表	字串的 list
finditer(string [, pos [, endpos]])	以遞迴的方式回傳符合正規表示的匹配物件	匹配物件或 None

正規表示物件的方法程式範例

```
>>> regex = re.compile('[a-n]+') ── 比對小寫英文 a-n
>>> type(regex)
<class '_sre.SRE_Pattern'>

>>> regex.search('python') ── 匹配 h
<_sre.SRE_Match object; span=(3, 4), match='h'>

>>> regex.match('python') ── 從開頭開始比對無匹配，因此回傳 None
>>> regex.fullmatch('eggs') ── 檢驗整個字串是否匹配
>>> regex.fullmatch('egg')
<_sre.SRE_Match object; span=(0, 3), match='egg'>

>>> regex2 = re.compile('[-+()]') ── 定義電話號碼中使用的符號
>>> regex2.split('080-1234-5678')
['080', '1234', '5678']

>>> regex2.split('(080)1234-5678')
['', '080', '1234', '5678']

>>> regex2.split('+81-80-1234-5678')
['', '81', '80', '1234', '5678']

>>> regex2.sub('', '+81-80-1234-5678') ── 移除符號
'818012345678'

>>> regex3 = re.compile('\d+') ── 1 個數字以上的正規表達式
>>> regex3.findall('080-1234-5678')
['080', '1234', '5678']

>>> for m in regex3.finditer('+81-80-1234-5678'):
...     m
...
<_sre.SRE_Match object; span=(1, 3), match='81'>
<_sre.SRE_Match object; span=(4, 6), match='80'>
<_sre.SRE_Match object; span=(7, 11), match='1234'>
<_sre.SRE_Match object; span=(12, 16), match='5678'>
```

匹配物件

匹配物件是 re.match()、re.research() 等方法中用以儲存正規表示比對字串相關資訊的物件。

group() 方法

格式	group([group1,...])
說明	從指定的子群組中回傳匹配字串，若指定多個子群組，則會回傳 Tuple 物件。可透過數值或群組名稱指定回傳的子群組。若無設定參數，則會與設定 0 相同回傳完整的匹配字串。
參數	• group1 – 以數值或子群組名稱設定
回傳值	字串或字串 Tuple 物件

group() 的範例程式

```
>>> regex = re.compile('(\d+)-(\d+)-(\d+)') ── 電話號碼的正規表示
>>> m = regex.match('080-1234-5678')
>>> m.group() ── 取得完整的匹配字串
'080-1234-5678'

>>> m.group(1), m.group(2), m.group(3) ── 取得各子群組的字串
('080', '1234', '5678')

>>> regex2 = re.compile(r'(?P<first>\w+) (?P<last>\w+)')
  └── 姓名的正規表示
>>> m2 = regex2.match('Takanori Suzuki: PyCon JP Chair')
>>> m2.group(0) ── 取得完整的匹配字串
'Takanori Suzuki'

>>> m2.group('first'), m.group('last') ── 利用群組名稱取得子群組
('Takanori', 'Suzuki')
```

匹配物件的方法

方法名稱	說明	回傳值
group(default=None)	將匹配樣式的子群組字串以 Tuple 物件回傳。default 設定當無匹配字串時的回傳值	tuple
groupdict(default=None)	將匹配樣式的子群組字串以字典型態回傳。Default 設定當無匹配字串時的回傳值	dict
expand(template)	在樣板中以 \1 或 \g<name> 的方式指定子群組項目，會以對應的匹配字串取代樣板	str

匹配物件的範例程式

```
>>> import re
>>> regex = re.compile(r'(?P<first>\w+) (?P<last>\w+)')
>>> m = regex.match('Takanori Suzuki: #kabepy Founder')
>>> m.groups() ── 取得完整的匹配字串
('Takanori', 'Suzuki')

>>> m.groupdict() ── 以字典方式取得匹配字串
{'last': 'Suzuki', 'first': 'Takanori'}

>>> m.expand(r'last: \2, first: \1') ── 使用 expand 回傳字串
'last: Suzuki, first: Takanori'

>>> m.expand(r'last: \g<last>, first: \g<first>')
'last: Suzuki, first: Takanori'
```

unicodedata

存取 Unicode 資料庫

下面將說明存取 Unicode 資料庫的 unicodedata 功能，透過設定圖文字的名稱 (例如 SNOWMAN) 就可取得圖文字 (☃), 反之也可取得圖文字名稱。

unicodedata 模組的函數

函數名稱	說明	回傳值
lookup(name)	回傳指定名稱所對應的字串，若不存在則回傳 KeyError	str
name(chr[, default])	回傳對應字串 chr 的名稱，若無定義之名稱則回傳 ValueError, 有設定預設值則回傳該值。	str

unicodedata 的範例程式

```
>>> import unicodedata
>>> unicodedata.lookup('LATIN SMALL LETTER A')
'a'

>>> unicodedata.lookup('UNKNOWN CHARACTER')
Traceback (most recent call last):
  File "<stdin>", line 1, in <module>
KeyError: "undefined character name 'UNKNOWN CHARACTER'"

>>> for chr in ('A', 'Ａ', '1', '１', ' ', ' '):
  └─取得各字串名稱
...     unicodedata.name(chr)
...
'LATIN CAPITAL LETTER A'
'FULLWIDTH LATIN CAPITAL LETTER A'
'DIGIT ONE'
'FULLWIDTH DIGIT ONE'
'HIRAGANA LETTER A'
'HALFWIDTH KATAKANA LETTER A'
```

Unicode 字串的正規化

利用 unicodedata 模組的 normalize() 方法可將 Unicode 字串進行正規化，正規化是將混合全形、半形字串統一轉換成全形的操作。

normalize() 方法

格式	normalize(form, unistr)
參數	• form – 設定正規化形式，可設定 NFC、NFKC、NFD、NFKD • unistr – 設定要正規化的字串
回傳值	回傳正規化後的字串

下面範例將字串正規化為所設定的形式，設定 NFKC 表示將英數字全部轉為半形。

Unicode 字串正規化的範例程式

```
>>> unicodedata.normalize('NFC', 'aａ!！2２')    以 NFC 正規化
'aａ!！2２'

>>> unicodedata.normalize('NFKC', 'aａ!！2２')   以 NKFC 正規化
'aa!!22'
```

2

數值的處理

Python 提供了非常多數值處理相關功能的函數與標準函式庫,
來了解一下本章說明的內容吧!

內建數值計算函數、math

基本的數值計算

這裡要介紹計算數值總合 sum()、求得數值最大值 max() 等相關操作數值的內建函數，此外也會介紹 math 模組所提供的三角函數、指數、對數等計算功能。

執行數值計算 (內建函數)

下面表格列出關於數值處理、計算的代表函數。

數值計算的內建函數

名稱	說明	回傳值
abs(x)	取得 x 的絕對值	int、float 等
max(arg1, arg2, *args [, key])	回傳序列中的最大值。若同時給予 2 個以上的參數，則回傳當中最大值	int、float 等
min(arg1, arg2, *args [, key])	回傳序列中的最小值。若同時給予 2 個以上的參數，則回傳當中最小值	int、float 等
sum(iterable [, start=0])	計算 iterable 設定數值的總和。若 start 也有設定數值，則也會加入總和計算	int、float 等
pow(x, y [, z])	指數計算，計算 x 的 y 次方。若設定 z, 表示計算指數後除 z 取餘數	int、float 等

利用內建函數處理數值

```
>>> abs(-5.0)
5.0

>>> max([1, -2, 5])
5
```

```
>>> max(1, -2, 5) ── 給予多個參數
5

>>> min([1, -2, 5]) ── 使用方法同 max()
-2

>>> sum([1, 2, 3])
6

>>> sum([1, 2, 3], 2) ── start=2 的情況
8

>>> pow(2, 3) ── 與 2**3 相同
8

>>> pow(2, 3, 6) ── 與 pow(2,3) / 6 相同
2
```

上面説明的函數參數皆可使用 Decimal 型態的值，此型態將於複數型態 (complex) 及「P2-8 頁 以固定小數型態進行計算 -decimal」中介紹。此外，雖然 max() 與 min() 也可將字串作為參數，但一般情況仍以數值計算為主，因此省略關於字串處理的説明。

執行數值計算 (math)

下面表格列出 math 模組中具代表性的數值處理、計算函數。

執行數值計算的 math 模組函數

名稱	説明	回傳值
log(x, [base])	計算 x 的對數，若省略 base, 則會計算自然對數。有設定的 base 就會依該底計算對數	float
log10(x)	計算 10 為底的 x 對數	float
log2(x)	計算 2 為底的 x 對數	float
pow(x, y)	計算指數，計算 x 的 y 次方	float

名稱	說明	回傳值
sqrt(x)	計算 x 的平方根 (√‾)	float
sin(x)	計算弧度 x 的正弦 (Sin)	float
cos(x)	計算弧度 x 的餘弦 (Cosin)	float
tan(x)	計算弧度 x 的正切 (Tangent)	float

math 模組提供了 C 語言 math.h 的運算函數，請見下面範例。

利用 math 模組計算數值

```
>>> import math
>>> math.log(100) ── 若省略第 2 個參數，則計算自然對數
4.605170185988092

>>> math.log(100, 10) ── 以第 2 個參數的設定值為底計算對數
2.0

>>> math.log10(100)
2.0

>>> math.pow(2, 3)
8.0

>>> math.sqrt(16)
4.0

>>> radian = math.radians(90) ── 透過 radians 函數將度轉為弧度
>>> math.sin(radian)
1.0

>>> radian = math.radians(180)
>>> math.cos(radian)
-1.0
```

取整數、計算絕對值

下表列出用以對數值取整數與絕對值的代表性函數。

取得整數與絕對值的函數

函數名稱	說明	回傳值
ceil(x)	取得大於浮點數 x 的最小整數值，函數名稱即為天花板 ceiling 的意思	int
floor(x)	取得小於浮點數 x 的最大整數值，函數名稱即為地板 floor 的意思	int
trunc(x)	去除浮點數 x 小數點以下的部分	int
fabs(x)	取得 x 的絕對值，與內建函數 abs() 的差異在於無法處理複數 (complex)	float

範例

```
>>> math.ceil(3.14)
4

>>> math.floor(3.14)
3

>>> math.floor(-3.14) ── 負值的情況
-4

>>> math.trunc(3.14)
3

>>> math.trunc(-3.14)
-3

>>> math.fabs(-3.14)
3.14
```

在後面的「P2-8 頁 以固定小數型態進行計算 -decimal」將介紹嚴格取整數的方法。

取得圓周率、自然對數的值

math 模組中定義用以數值計算的常數，如下表所列。

取得常數

常數	說明	回傳值
pi	取得圓周率（π）	float
e	取得自然對數的底	float

圓周率、自然對數的取得

```
>>> math.pi
3.141592653589793

>>> math.e
2.718281828459045
```

math 模組只提供 pi 和 e 兩個常數，一些科學技術計算使用的第三方套件，例如「SciPy」則提供像是重力加速度、電子質量等科學計算會用到的常數，有興趣的讀者可參考 Scipy Constants 的官方參考文件 (http://docs.scipy.org/doc/scipy/reference/constants.html)。

log() 與 log10() 的差異　Column

log10() 函數與設定 10 為底的 log() 函數差異在於計算的精準度。

log() 與 log10() 的差異

```
>>> math.log(1.1, 10)
0.04139268515822507

>>> math.log10(1.1)
0.04139268515822508
```

一般 log10() 函數有較高的精準度。

** 演算子與內建函數 pow() 的差異 Column

math.pow() 函數的參數 x、y 如果為整數，會轉型成 float 後計算指數；而內建 pow() 函數的 x、y 為整數的話，不會進行轉型是主要的差異點。

演算子與內建函數的差異

```
>> math.pow(2, 3) ── 即使兩個參數皆為 int 型態，回傳仍為 float
8.0

>> pow(2, 3) ── 內建函數回傳值為 int
8

>> 2**3 ── 演算子回傳值為 int
8

>> pow(2, 3.0) ── 內建函數的參數同時為 int 與 float 型態，回傳值為 float
8.0
```

decimal

以固定小數型態執行計算

這裡介紹操作固定小數型態(10 進制浮點數)的 decimal 模組，該模組可處理有效位數計算、取整及四捨五入，常應用於需要嚴謹的精確位數、捨去或進位的金額計算等情境。

執行有效位數計算

下面說明基本的 Decimal 類別。

Decimal 類別

格式	decimal.Decimal(value="0" , context=None)
說明	依據設定的參數值建立 Decimal 物件
參數	• value – 數值 • context – 計算環境
回傳值	Decimal 物件

Dicimal 物件的建立

```
>>> from decimal import Decimal
>>> Decimal('1')
Decimal('1')

>>> Decimal(3.14)
Decimal('3.140000000000000124344978758017532527446746826171875')

>>> Decimal((0, (3, 1, 4), -2)) ── 符號 (0 為正、1 為負)、數字的 Tuple、指數
Decimal('3.14')

>>> Decimal((1, (1, 4, 1, 4), -3))
Decimal('-1.414')
```

Decimal 物件可用如數值型態的方式操作計算。

Decimal 計算

```
>>> Decimal('1.1') - Decimal('0.1')
Decimal('1.0')

>>> x = Decimal('1.2')
>>> y = Decimal('0.25')
>>> x + y
Decimal('1.45')

>>> x + 1.0 ── 與 float 計算會發出 Exception
Traceback (most recent call last):
  File "<stdin>", line 1, in <module>
TypeError: unsupported operand type(s) for +: 'decimal.Decimal' and 'float'
```

decimal 中可依據計算環境設定指定計算精度，範例程式如下。

有效位數的設定

```
>>> from decimal import getcontext
>>> x = Decimal('10')
>>> y = Decimal('3')
>>> x / y ── 預設為 28 位的精度
Decimal('3.333333333333333333333333333')

>>> getcontext().prec = 8 ── 設定 prec 為 8
>>> x / y
Decimal('3.3333333')
```

取數值整數

取整數時可以使用 quantize(), 此函數提供進位、捨去與四捨五入等各種取整數方法。

格式	quantize(exp[, rounding[, context[, watchexp]]])
說明	整數值
參數	• exp – 有效位數 • rounding – 取整數模式
回傳值	Decimal 物件

下面範例示範使用 quantize() 執行取整數。

quantize() 的範例

```
>>> from decimal import ROUND_UP
>>> exp = Decimal((0, (1, 0), -1)) — 小數點第 1 位
>>> Decimal('1.04').quantize(exp, rounding=ROUND_UP)
Decimal('1.1')
```

關於 rounding 可設定的取整方法如下表所示。

取整數模式

rounding	說明	x = 1.04	x = 1.05	x = -1.05
ROUND_UP	無條件進位	1.1	1.1	-1.1
ROUND_DOWN	無條件捨去	1.0	1.0	-1.0
ROUND_CEILING	往正無限大取整數	1.1	1.1	-1.0
ROUND_FLOOR	往負無限大取整數	1.0	1.0	-1.1
ROUND_HALF_UP	四捨五入	1.0	1.1	-1.1
ROUND_HALF_DOWN	五捨六入	1.0	1.0	-1.0
ROUND_HALF_EVEN	上一位為奇數，則四捨五入；上一位為偶數，則六捨五入	1.0	1.0	-1.0
ROUND_05UP	若上一位為 0 或 5，則進位，反之捨去	1.1	1.1	-1.1

關於上表 ROUND_HALF_DOWN、ROUND_HALF_EVEN、ROUND_05UP 的模式，請參考下列程式。

ROUND_HALF_DOWN、ROUND_HALF_EVEN、ROUND_05UP

```
>>> from decimal import *
>>> exp = Decimal((0, (1, 0), -1)) — 小數點第 3 位
>>> Decimal('1.06').quantize(exp, ROUND_HALF_DOWN) — 五捨六入
Decimal('1.1')
```

```
>>> Decimal('1.15').quantize(exp, ROUND_HALF_EVEN) — 上一位為奇數，四捨五入
Decimal('1.2')

>>> Decimal('1.25').quantize(exp, ROUND_HALF_EVEN) — 上一位為偶數，六捨五入
Decimal('1.2')

>>> Decimal('1.26').quantize(exp, ROUND_HALF_EVEN)
Decimal('1.3')

>>> Decimal('1.55').quantize(exp, ROUND_05UP) — 上一位為 0 或 5, ROUND_UP
Decimal('1.6')

>>> Decimal('1.75').quantize(exp, ROUND_05UP)
  └── 上一位不為 0 或 5, ROUND_DOWN
Decimal('1.7')
```

random

操作虛擬亂數

本章節介紹操作虛擬亂數的 random, random 模組提供取得亂數或選取列表或值組等序列的功能。

random 的亂數產生器被應用於 Mersenne Twister 演算法中，C 語言中的 rand() 函數或 Visual Basic 的 Rnd() 函數一般存在周期短且不平均的問題，而 Mersenne Twister 在亂數產生器上是評價很高的演算法。

產生亂數

下表列出產生亂數的常用函數。

產生亂數的函數

函數名稱	説明	回傳值
random()	取得 0.0~1.0 間 float 型態的值	float
randint(x,y)	取得 x~y 間的數值。若 x 或 y 為 float 型態，則會回傳 ValueError	int
uniform(x,y)	取得 x~y 間的數值。若 x 或 y 為 int 型態，仍回傳 float 型態	float

產生亂數

```
>>> import random
>>> random.random()
0.1608107946493359

>>> random.randint(1, 5)
4

>>> random.uniform(1, 5)
2.156581509442338
```

實驗或功能測試時會需要重現所取得的亂數值，這時可用亂數產生器的初始化函數 seed() 固定種子 (seed) 產生亂數。

範例

```
>>> random.seed(10)  ── 種子設定為 10
>>> random.random()
0.5714025946899135

>>> random.seed(10)  ── 再次將種子設定為 10
>>> random.random()  ── 取得與先前相同的值
0.5714025946899135

>>> random.random()  ── 無指定種子，再次執行 random()
0.4288890546751146
```

省略 seed() 參數時，是採用系統時間。

依特定分佈產生亂數

程式中可讓亂數依照特定分數產生，而不單單只是隨機產生，具代表性的函數如下表。

依特定分佈產生亂數

函數名稱	說明	回傳值
normalvariate(mu, sigma)	依平均數 mu 與標準差 sigma 的常態分布產生亂數	float
gammavariate(k , theta)	依形狀參數 k 與尺度參數 theta 的 gamma 分布產生亂數	float

其他還對應如 Gamma 分配、對數常態分配的函數。

依特定分佈產生亂數

```
import random

normal_variate = []
gamma = []

for i in range(10000):
  normal_variate.append(random.normalvariate(0, 1))
  gamma.append(random.gammavariate(3, 1))
```

為了確認亂數分布，使用 10000 值讓 normalvariate() 函數與 gammavariate() 函數產生長條圖表，如下圖。

normalvariate() 函數建立的長條圖

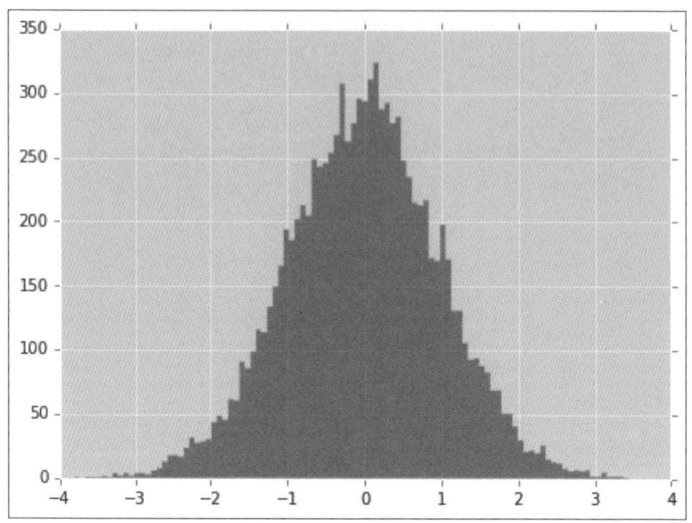

gammavariate () 函數建立的長條圖

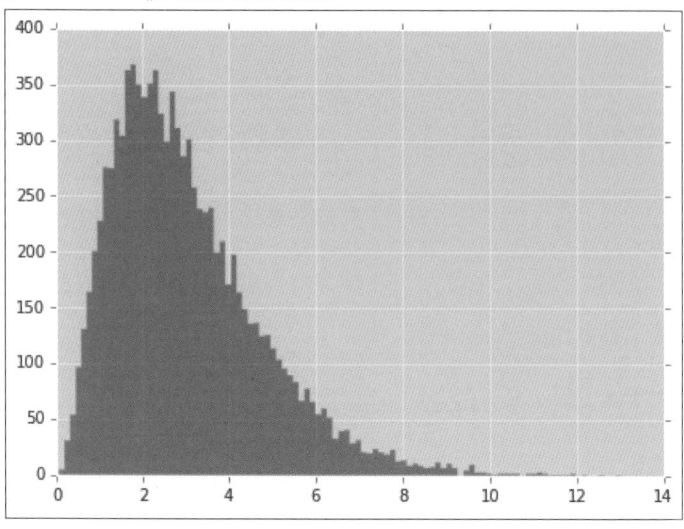

亂數選取

可隨機選取列表或值組等序列內元素的函數如下表顯示。

隨機選取函數

函數名稱	說明	回傳值
choice(seq)	回傳序列 seq 的其中一個元素	序列中元素
sample(population, k)	從母體的樣本 population 取得 k 個元素建立新列表	抽樣的列表
shuffle(seq[, random])	重新排列序列 seq 的元素順序	無

隨機選取函數

```
>>> l = [1, 2, 3, 4, 5]
>>> random.choice(l) ── 隨機從序列中選擇 1 個元素
2

>>> random.choice(l)
5

>>> random.sample(l, 2)
 └── 從序列元素中，依第 2 個參數建立同等元素個數的新序列
[3, 1]

>>> random.shuffle(l) ── shuffule() 可重新排列原本序列的元素順序
>>> l
[3, 1, 4, 5, 2]
```

sample() 函數抽樣出的元素就不會再次被抽到，因此若要隨機完整的抽出序列元素，可設定 random.sample(l,len(l))，讓參數 k 為序列長度，若可與原本序列順序不同，則可直接使用 shuffle() 函數。

statistics

執行統計計算

下面說明提供統計計算功能的 statistics，該模組是 Python 3.4 新加入的模組。Python 中說到統計最有名的就屬 NumPy[註1]、SciPy[註2]，但若是簡單的統計計算，透過 statistics 模組所提供的功能就足夠了。

計算平均數與中位數

平均數、中位數與眾數等是了解資料概要的重要指標，statistics 模組所提供的函數如下。

計算平均數與中位數的函數

函數名稱	說明	回傳值
mean(data)	計算 data 的平均值	float
median(data)	計算 data 的中位數	float
mode(data)	計算 data 的眾數	float

計算平均數與中位數

```
>>> import statistics
>>> data = [1, 2, 2, 3, 4, 5, 6]
>>> statistics.mean(data)
3.2857142857142856

>>> statistics.median(data)
3

>>> statistics.mode(data)
2
```

註 1 http://www.numpy.org
註 2 http://www.scipy.org/scipylib/index.html

計算標準差與變異數

標準差與變異數是了解資料離散程度的重要指標，statistics 模組提供的函數如下表。

計算標準差與變異數

函數名稱	說明	回傳值
pstdev(data)	計算母體 data 標準差	float
stdev(data)	計算 data 的不偏標準差	float
pvariance(data)	計算母體 data 變異數	float
variance(data)	計算 data 的不偏變異數	float

計算標準差與變異數

```
>>> data = [1, 2, 2, 3, 4, 5, 6]
>>> statistics.pstdev(data)
1.665986255670086

>>> statistics.stdev(data)
1.799470821684875

>>> statistics.pvariance(data)
2.775510204081633

>>> statistics.variance(data)
3.2380952380952386
```

pvariance() 與 variance() 的差異 Column

pvariance() 函數與 variance() 函數皆是用以計算資料分散程度的函數，pvariance 的字首 p 表示 population, 也就是統計學中的「母體」, 因此 pvariance() 是計算母體分散，而 variance() 則是計算不偏分散的函數。計算的對象若為母體則為母體分散，為樣本 (Sample) 則會使用不偏分散，要深入了解母體與不偏分散就是統計學的領域, 因此在此只要確認實作上的差異。

variance() 函數的實作程式如下，statistics.py 的第 509 行附近為主要部分，如下。

variance() 的實作

```
if iter(data) is data:
  data = list(data)
  n = len(data)
if n < 2:
  raise StatisticsError('variance requires at least two data points')
ss = _ss(data, xbar)
return ss/(n-1)
```

_ss(data,xbar) 中計算「偏差平方和」, 計算後的結果除以「資料個數 (n)-1」。

同樣也可確認 pvariance() 函數的實作，在 statistics.py 第 557 行附近為主要部分，如下。

pvariance() 的實作

```
if iter(data) is data:
   data = list(data)
   n = len(data)
if n < 1:
   raise StatisticsError('pvariance requires at least one data
point')
ss = _ss(data, mu)
return ss/n
```

大致上與 variance() 相同, 但偏差平方和的結果是除以資料個數 (n)。

關於 pstdev() 與 stdev, 是對 pvariance() 與 variance() 計算的結果再執行 math 模組的 sqrt() 函數。

3

日期與時間的處理

Python 提供了非常多日期與時間處理相關功能的函數與標準的函式庫，在活用第三方套裝軟體前，首先了解如何方便的操作日期與時間的資料。

datetime

操作日期與時間

本章節將介紹提供操作日期與時間功能的 datetime 模組，其依據用途對應有不同的物件，將依下列順序說明。

datetime 模組的物件

物件名稱	用途
date	操作日期
time	操作時間
datetime	操作日期時間
timedelta	操作兩時間的時間差

操作日期 - date 物件

date 物件用以操作日期 (年、月、日), 後面介紹的 time 物件與 datetime 物件則處理時間的部分。

data 物件的方法

方法名稱	說明	回傳值
date(year, month, day)	依設定日期建立 date 物件的建構子	datetime.date
today()	將當前日期建立 date 物件的類別方法	datetime.date
weekday()	回傳星期，星期一為 0, 星期日為 6	int
isoweekday()	回傳星期，星期一為 1, 星期日為 7	int
isoformat()	回傳 ISO 8601 格式的日期字串	str
strftime(format)	依格式回傳日期字串	str
_ _str_ _()	回傳與 isoformat() 相同結果	str

date 物件可存取的屬性如下表。

data 物件的屬性

屬性名稱	說明	回傳值
year	回傳年	int
month	回傳月	int
day	回傳日	int

date 的範例程式

```
>>> from datetime import date
>>> ganjitsu = date(2015, 1, 1)
>>> ganjitsu
datetime.date(2015, 1, 1)

>>> ganjitsu.year, ganjitsu.month, ganjitsu.day ── 取得年月日
(2015, 1, 1)

>>> ganjitsu.weekday() ── 2015 年正月初一為星期三
3

>>> ganjitsu.isoformat()
'2015-01-01'

>>> str(ganjitsu)
'2015-01-01'

>>> ganjitsu.strftime('%Y/%m/%d') ── 將日期以斜線格式顯示
'2015/01/01'

>>> ganjitsu.strftime('%Y %b %d (%a)') ── 將日期附上月份、星期來顯示
'2015 Jan 01 (Thu)'

>>> date.today()
datetime.date(2015, 5, 6)
```

操作時間 - time 物件

time 物件用以操作時間，這邊所說的時間不只是時分秒，還包含微秒與時區。請注意 time 的建構子與 date 差異在於其只可以設定任意的數值。

time 物件的方法

方法名稱	說明	回傳值
time(hour=0, minute=0, second=0, microsecond=0, tzinfo=None)	依設定時間建立 time 物件的建構子	datetime.time
isoformat()	回傳 ISO 8601 格式字串 (HH:MM:SS.mmmmmm) 或微秒為 0 的 HH:MM:SS 字串	str
strftime(format)	依格式回傳時間字串	str
_ _str_ _()	回傳與 isoformat() 相同結果	str
tzname()	回傳時區的名稱字串	str

time 物件可存取的屬性如下表。

time 物件的屬性

屬性名稱	說明	回傳值
hour	回傳時的值	int
minute	回傳分的值	int
second	回傳秒的值	int
microsecond	回傳微秒的值	int
tzinfo	回傳時區資訊	物件

time 的範例程式

```
>>> from datetime import time
>>> time()
datetime.time(0, 0)

>>> time(16, 12, 25)
datetime.time(16, 12, 25)
```

```
>>> time(minute=10)
datetime.time(0, 10)

>>> time(second=10)
datetime.time(0, 0, 10)

>>> time(microsecond=10)
datetime.time(0, 0, 0, 10)

>>> now = time(16, 12, 25)
>>> now.hour, now.minute, now.second, now.microsecond
(16, 12, 25, 0)

>>> now.isoformat()
'16:12:25'

>>> now.strftime('%H:%M')
'16:12'

>>> str(now)
'16:12:25'
```

操作日期時間 - datetime 物件

datetime 物件用以操作日期時間，該物件有 date、time 物件的功能。此外，datetime 物件與 datetime 模組同名，請小心不要混淆了。

datetime 物件的方法

方法名稱	說明	回傳值
datetime(year, month, day, hour=0, minute=0, second=0, microsecond=0, tzinfo=None)	依設定日期時間建立 datetime 物件的建構子，年月日必須傳入	datetime.datetime
today()	回傳預設時區當前日期時間的類別方法，雖然名稱是 today	datetime.datetime
utcnow()	回傳 UTC（世界標準時間）當前日期時間的類別方法	datetime.datetime

方法名稱	說明	回傳值
date()	回傳同一年月日的 date 物件	datetime.date
time()	回傳同一時分秒的 time 物件	datetime.time
isoformat()	回傳 ISO 8601 格式字串 (HH:MM:SS.mmmmmm) 或微秒為 0 的 HH:MM:SS 字串	str
strftime(format)	依格式回傳日期時間字串	str
__str__()	回傳與 isoformat() 相同結果	str
tzname()	回傳時區的名稱字串	str

datetime 物件可存取的屬性如下表。

datetime 物件的屬性

屬性名稱	說明	回傳值
year	回傳年的值	int
month	回傳月的值	int
day	回傳日的值	int
hour	回傳時的值	int
minute	回傳分的值	int
second	回傳秒的值	int
microsecond	回傳微秒的值	int
tzinfo	回傳時區資訊	物件

datetime 的範例程式

```
>>> from datetime import datetime
>>> today = datetime.today() ─ 取得目前日期時間
>>> today.date() ─ 取得 date
datetime.date(2015, 6, 22)

>>> today.time() ─ 取得 time
datetime.time(19, 52, 14, 632446)
```

```
>>> today.isoformat() — 取得 ISO 8601 格式的字串
'2015-06-22T19:52:14.632446'

>>> today.strftime('%Y/%m/%d') — 取得設定格式的字串
'2015/06/22'
```

操作日期時間差 - timedelta 物件

timedelta 中將說明如何操作 date、time、datetime 物件的差值。

timedelta 物件的方法

方法名稱	說明	回傳值
timedelta(days=0, seconds=0, microseconds=0, milliseconds=0, minutes=0, hours=0, weeks=0)	建立設定數值(整數、浮點數、負值皆是可能的值)之日期時間差的建構子	datetime.timedelta

timedelta 的範例程式

```
>>> from datetime import date, datetime, time, timedelta
>>> today = date.today() — 取得今日日期
>>> today
datetime.date(2015, 6, 22)

>>> newyearsday = date(2016, 1, 1) — 2016 年 1 月 1 日
>>> newyearsday - today — 從今天到明年 1 月 1 日的日數
datetime.timedelta(193)

>>> week = timedelta(days = 7) — 建立 1 週的 timedelta
>>> today + week — 取得 1 週後的日期
datetime.date(2015, 6, 29)

>>> today + week * 2 — 取得 2 週後的日期
datetime.date(2015, 7, 6)

>>> today - week — 取得 1 週前的日期
datetime.date(2015, 6, 15)
```

time

操作時間

本章節將介紹提供操作時間功能的 time, 該模組以 epoch 為計算時間基礎，也就是以西元 1970 年 1 月 11 日 0 時 0 分 0 秒起算。

Python 中亦提供以標準方式操作日期時間的 datetime 模組，透過該模組可將日期時間作為資料存取、計算，關於 datetime 模組請參考「P3-2 頁操作日期與時間 - datetime」。

取得時間

下表為 time 模組主要的函數。

time 的主要函數

函數名稱	說明	回傳值
gmtime([secs])	回傳 UTC (世界標準時間) 當前日期時間。若有設定 secs, 則回傳從 epoch 起算經過的時間	time.struct_time
localtime([secs])	回傳地區當前日期時間。若有設定 secs, 則回傳從 epoch 起算經過的時間	time.struct_time
strftime(format [, t])	將指定的日期時間 (time.struct_time) 依格式回傳字串	str
time()	以浮點數回傳從 epoch 起算經過的秒數	float

日期時間的取得

```
>>> import time
>>> time.gmtime()
time.struct_time(tm_year=2015, tm_mon=7, tm_mday=1, tm_hour=8, tm_min=0,
tm_sec=56, tm_wday=2, tm_yday=182, tm_isdst=0)
```

```
>>> time.localtime()
time.struct_time(tm_year=2015, tm_mon=7, tm_mday=1, tm_hour=17, tm_min=1,
tm_sec=39, tm_wday=2, tm_yday=182, tm_isdst=0)

>>> time.strftime('%Y-%m-%d', time.localtime())
'2015-07-01'

>>> time.time()
1435737840.942419
```

日期時間物件 - struct_time

gmtime()、localtime() 等方法皆會回傳 struct_time，裡面存放 time 套件可存取的日期時間值，是一個含有具名值組介面的物件。

struct_time 的屬性

屬性名稱	說明	回傳值
tm_year	回傳年的值	int
tm_mon	回傳月的值	int
tm_mday	回傳日的值	int
tm_hour	回傳時的值	int
tm_min	回傳分的值	int
tm_sec	回傳秒的值	int
tm_wday	回傳星期的值，0 為星期一	int
tm_yday	回傳一年中的第幾天，最大值為 366	int
tm_isdst	回傳夏令時間是否有效，0 表示目前為無效	int
tm_zone	回傳時區名稱	str
tm_gmtoff	回傳時區的以秒為單位的 UTC（世界標準時間）偏移	int

struct_time 的範例程式

```
>>> local = time.localtime()  ── 取得區域時間
>>> utc = time.gmtime()  ── 取得 UTC 的日期時間
>>> local.tm_mday  ── 確認偏離 9 小時
5
>>> local.tm_hour
8
>>> utc.tm_mday
4
>>> utc.tm_hour
23
```

執行緒暫停 - sleep()

使用 sleep() 方法可暫時停止執行緒一段設定的時間。

sleep()

格式	sleep(secs)
參數	• secs – 設定暫停秒數，可設定浮點數
回傳值	無

下面程式實作每 0.5 秒暫停並回傳 epoch 秒數，可看到每個回傳值約差 0.5 秒。

sleep() 的範例程式

```
>>> for i in range(5):
...     time.time()
...     time.sleep(0.5)
...
1438082323.629005
1438082324.131333
1438082324.633743
1438082325.13442
1438082325.635024
```

dateutil

datetime 的強化擴充模組

版本	2.4.2
官方文件	https://dateutil.readthedocs.org/
PyPI	https://pypi.python.org/pypi/python-dateutil
原始碼	https://github.com/dateutil/dateutil/

本章節要介紹用以針對標準函式庫 datetime 模組提供強化功能的 dateutil 模組，其主要提供的功能如下。

- 解析各種字串格式的日期時間。
- 相對日期差值之計算。

dateutil 的安裝

deteutil 在 command line 底下的安裝指令如下。

dateutil 的 pip 安裝指令

```
$ pip install python-dateutil
```

日期時間的語法解析 - parser

parser 模組可適切的解析各種字串形式表達的日期時間。

parser() 方法

格式	dateutil.parser.parse(timestr, parserinfo=None, **kwargs)
說明	執行日期時間字串的語法解析
參數	• timestr – 表示日期時間的字串 • parserinfo – 此物件存放解析日期時間所需之參數資訊 • **kwargs – 主要可以設定下列參數 default –datetime 不存在時以此設定實體作為預設 dayfirst – 若設定為 true 則以日期為字串開頭進行解析 yearfirst – 若設定為 true 則以年為字串開頭進行解析
回傳值	datetime.datetime

下面程式分析各種形式的日期字串。

分析各種形式的日期字串

```
>>> from dateutil.parser import parse
>>> parse('2015/06/23 12:34:56')
datetime.datetime(2015, 6, 23, 12, 34, 56)

>>> parse('2015-06-23')
datetime.datetime(2015, 6, 23, 0, 0)

>>> parse('20150623')
datetime.datetime(2015, 6, 23, 0, 0)

>>> parse('20150623123456')
datetime.datetime(2015, 6, 23, 12, 34, 56)

>>> parse('Tue, 23 Jun 2015 12:34:56 JST')
datetime.datetime(2015, 6, 23, 12, 34, 56, tzinfo=tzlocal())
  └─ Windows 情況下不能被設定 tzinfo=tzlocal()

>>> parse('Tue, 23 Jun 2015 12:34:56 GMT')
datetime.datetime(2015, 6, 23, 12, 34, 56, tzinfo=tzutc())
```

未設定任何字串時會以執行日 0 時 0 分作為預設值，若有設定 default 則以該設定值為主。

設定 default 的解析

```
>>> from datetime import datetime
>>> default = datetime(2015, 7, 5) ── 製作 default 的日期
>>> parse('Tue, 23 Jun 2015 12:34:56', default=default)
datetime.datetime(2015, 6, 23, 12, 34, 56)

>>> parse('Tue 12:34:56', default=default) ── 設定時分秒與星期
datetime.datetime(2015, 7, 7, 12, 34, 56)

>>> parse('12:34:56', default=default) ── 設定時分秒
datetime.datetime(2015, 7, 5, 12, 34, 56)

>>> parse('12:34', default=default) ── 設定時分
datetime.datetime(2015, 7, 5, 12, 34)
```

日期的字串若以「1/2/3」，一般以「月起始」解析，當設定 dayfirst、yearfirst 時，便會改以日或年作為起始進行解析，但 parse() 方法仍會以適當的方式嘗試解析（例如 15 不可能是月份等）。

設定 dayfirst、yearfirst 的解析

```
>>> parse('1/2/3') ── 以月 / 日 / 年解析
datetime.datetime(2003, 1, 2, 0, 0)

>>> parse('1/2/3', dayfirst=True) ── 首先以日解析
datetime.datetime(2003, 2, 1, 0, 0)

>>> parse('1/2/3', yearfirst=True) ── 首先以年解析
datetime.datetime(2001, 2, 3, 0, 0)

>>> parse('15/2/3') ── 以日 / 月 / 年解析
datetime.datetime(2003, 2, 15, 0, 0)

>>> parse('15/2/3', yearfirst=True) ── 首先以年解析
datetime.datetime(2015, 2, 3, 0, 0)
```

計算日期差值 - relativedela

relativedelta 模組提供各種彈性計算日期差值的功能。

relativedelta() 方法

格式	dateutil.relativedelta.relativedelta(dt1=None, dt2=None, years=0,months=0, days=0, leapdays=0, weeks=0, hours=0, minutes=0, seconds=0,microseconds=0, year=None, month=None, day=None, weekday=None,yearday=None, nlyearday=None, hour=None, minute=None,second=None, microsecond=None)
說明	計算日期差值
參數	• dt1,dt2 – 若傳入 2 個日期，回傳差值的 relativedelta 物件 • year, month, day, hour, minute, second, microsecond– 以絕對值設定年月日等值 • years, months, weeks, days, hours, minutes, seconds, microseconds– 以相對值設定年月日等值，數值前加上 +- • weekday – 設定星期 • leapdays – 閏年時設定日期要增加的日數 • yearday, nlyearday – 設定年中第幾日。nlyearday 若存在閏日則會跳過。

下面是利用 relativedelta 執行基本日期計算的範例。

relativedelta 各種日期計算

```
>>> from dateutil.relativedelta import relativedelta
>>> from datetime import datetime, date
>>> now = datetime.now() ── 取得當前日期、時間
>>> now
datetime.datetime(2015, 6, 23, 18, 37, 21, 69263)

>>> today = date.today() ── 取得當前日期
>>> today
datetime.date(2015, 6, 23)

>>> now + relativedelta(months=+1) ── 1 個月後
datetime.datetime(2015, 7, 23, 18, 37, 21, 69263)

>>> now + relativedelta(months=-1, weeks=+1) ── 1 個月前的 1 週後
```

```
datetime.datetime(2015, 5, 30, 18, 37, 21, 69263)

>>> today + relativedelta(months=+1, hour=10) ── 1 個月後的 10 點
datetime.datetime(2015, 5, 30, 10, 0)
```

星期的設定範例如下，可透過星期加上 (-1)、(+1) 進行設定。

設定星期

```
>>> from dateutil.relativedelta import MO, TU, WE, TH, FR, SA, SU
>>> today + relativedelta(weekday=FR) ── 下個星期五
datetime.date(2015, 6, 26)

>>> today + relativedelta(day=31, weekday=FR(-1)) ── 本月最後的星期五
datetime.date(2015, 6, 26)

>>> today + relativedelta(weekday=TU(+1)) ── 下個星期二
datetime.date(2015, 6, 23)

>>> today + relativedelta(days=+1, weekday=TU(+1)) ── 不包含今日的下個星期二
datetime.date(2015, 6, 30)
```

設定年中第幾日的方法如下。

設定 yearday, nlyearday

```
>>> date(2015, 1, 1) + relativedelta(yearday=100) ── 2015 年的第 100 日
datetime.date(2015, 4, 10)

>>> date(2015, 12, 31) + relativedelta(yearday=100)
  └── 與日期無關，從年初開始計算
datetime.date(2015, 4, 10)

>>> date(2012, 1, 1) + relativedelta(yearday=100) ── 2012 年的第 100 日
datetime.date(2012, 4, 9)

>>> date(2012, 1, 1) + relativedelta(nlyearday=100)
  └── 去除 2012 年閏日後的第 100 日
datetime.date(2012, 4, 10)
```

傳入 2 個日時，則會回傳差值。

relativedelta 傳入 2 個日時

```
>>> relativedelta(date(2015, 1, 1), today) — 取得從今年以來的差值
relativedelta(months=-5, days=-22)

>>> relativedelta(date(2016, 1, 1), today) — 取得至明年的差值
relativedelta(months=+6, days=+9)
```

循環日期的規則 - rrule

rrule 常應用於日曆等應用程式中，用以循環設定日期，例如該循環規則就被用於 iCalendar RFC (http://www.ietf.org/rfc/rfc2445.txt) 之中。

rrule() 方法

格式	dateutil.rrule.rrule(freq, dtstart=None, interval=1, wkst=None, count=None, until=None, bysetpos=None, bymonth=None, bymonthday=None, byyearday=None, byeaster=None, yweekno=None, byweekday=None, byhour=None, byminute=None, bysecond=None, cache=False)
說明	設定循環規則
參數	• freq – 設定循環頻率，可設定 YEARLY、MONTHLY、WEEKLY、DAILY、HOURLY、MINUTELY、SECONDLY 任一。 • cache – 設定是否快取。使用同一 rrule, 則設定為 True。 • dtstart – 用 datetime 設定開始日時。若無設定，則會使用 datetime.now() 的值。 • interval – 設定間隔，例如 HOURLY 設定 interval 為 2, 則表示為每 2 小時。 • wkst – 設定週起始為 MO、TU 等。 • count – 設定循環次數。 • until – 用 datetime 設定結束日時。 • bysetpos – 針對 byXXXX 規則設定第幾次有效，透過 +- 的數值設定。例如設定 byweekday=(MO,TU,WE,TH,FR), bysetpos=-2, 表示要設定最後倒數第二個平日。 • bymonth, bymonthday, byyearday, byweekno, byweekday, byhour, byminute, bysecond, byeaster- 依特定期間作為設定目標，可用單一數值或值組設定。

rrule 的範例程式

```
>>> from dateutil.rrule import rrule
>>> from dateutil.rrule import DAILY, WEEKLY, MONTHLY
>>> from dateutil.rrule import MO, TU, WE, TH, FR, SA, SU
>>> import pprint
>>> import sys
>>> sys.displayhook = pprint.pprint ── 易於瀏覽的設定
>>> start = datetime(2015, 6, 28)
>>> list(rrule(DAILY, count=5, dtstart=start)) ── 從指定日期開始 5 日
[datetime.datetime(2015, 6, 28, 0, 0),
 datetime.datetime(2015, 6, 29, 0, 0),
 datetime.datetime(2015, 6, 30, 0, 0),
 datetime.datetime(2015, 7, 1, 0, 0),
 datetime.datetime(2015, 7, 2, 0, 0)]

>>> list(rrule(DAILY, dtstart=start, until=datetime(2015, 7, 1)))
  └── 指定期間每日
[datetime.datetime(2015, 6, 28, 0, 0),
 datetime.datetime(2015, 6, 29, 0, 0),
 datetime.datetime(2015, 6, 30, 0, 0),
 datetime.datetime(2015, 7, 1, 0, 0)]

>>> list(rrule(WEEKLY, count=8, wkst=SU, byweekday=(TU,TH),
dtstart=start)) ── 每週二、四
[datetime.datetime(2015, 6, 30, 0, 0),
 datetime.datetime(2015, 7, 2, 0, 0),
 datetime.datetime(2015, 7, 7, 0, 0),
 datetime.datetime(2015, 7, 9, 0, 0),
 datetime.datetime(2015, 7, 14, 0, 0),
 datetime.datetime(2015, 7, 16, 0, 0),
 datetime.datetime(2015, 7, 21, 0, 0),
 datetime.datetime(2015, 7, 23, 0, 0)]

>>> list(rrule(MONTHLY, count=3, byweekday=FR(-1), dtstart=start))
  └── 每月最後的星期五
[datetime.datetime(2015, 7, 31, 0, 0),
 datetime.datetime(2015, 8, 28, 0, 0),
 datetime.datetime(2015, 9, 25, 0, 0)]

>>> list(rrule(WEEKLY, interval=2, count=3, dtstart=start)) ── 隔週
[datetime.datetime(2015, 6, 28, 0, 0),
 datetime.datetime(2015, 7, 12, 0, 0),
 datetime.datetime(2015, 7, 26, 0, 0)]
```

pytz

操作世界時區資訊

版本	2015.4
官方文件	http://pythonhosted.org/pytz/
PyPI	https://pypi.python.org/pypi/pytz
原始碼	https://launchpad.net/pytz

本章節說明彙整世界時區資訊的套裝模組 pytz，該模組提供 Olson 時區資料庫給 Python 使用，解決夏令時間等時區的處理。

pytz 的安裝

pytz 的安裝方法如下。

pytz 的 pip 安裝指令，請在 command line 模式下安裝

```
$ pip install pytz
```

操作時區資訊

pytz 中使用 timezone() 函數取得時區資訊。

timezone() 函數

格式	pytz.timezone(zone)
說明	回傳指定時區名稱所對應的時區資訊
參數	• zone – 指定時區名稱字串
回傳值	pytz.tzinfo

時區相關資訊存放於 pytz.tzinfo 物件中，其繼承 datetime.tzinfo。

tzinfo 物件的方法

函數名稱	說明	回傳值
localize(datetime)	建立指定的時區 datetime	datetime.datetime
utcoffset(datetime)	回傳從指定日時與 UTC 之差值	datetime.timedelta
dst(datetime)	回傳夏令時間之差值	datetime.timedelta
tzname(datetime, is_dst=False)	回傳時區名稱	str

利用 pytz 轉換日時的範例

```
>>> import pytz
>>> from datetime import datetime
>>> fmt = '%Y-%m-%d %H:%M:%S %Z%z'
>>> tokyo = pytz.timezone('Asia/Tokyo') ── 取得東京時區資訊
>>> eastern = pytz.timezone('US/Eastern') ── 取得美國東部時區資訊
>>> tokyo_dt = tokyo.localize(datetime(2015, 3, 1, 17, 22))
>>> tokyo_dt.strftime(fmt)
'2015-03-01 17:22:00 JST+0900'

>>> eastern_dt = tokyo_dt.astimezone(eastern) ── 轉換東部時間
>>> eastern_dt.strftime(fmt) ── 確認轉換東部時間 (EST)
'2015-03-01 03:22:00 EST-0500'

>>> tokyo_dt = tokyo.localize(datetime(2015, 6, 25, 17, 22))
>>> eastern_dt = tokyo_dt.astimezone(eastern)
>>> eastern_dt.strftime(fmt) ── 確認轉換東部時間的夏令時間 (EDT)
'2015-06-25 04:22:00 EDT-0400'
```

下列範例以 1 月和 6 月的日期執行 utcoffset() 等函數，並確認夏令時間的結果。

utcoffset() 等函數之範例程式

```
>>> jan = datetime(2015, 1, 1) ── 1 月日期
>>> jun = datetime(2015, 6, 1) ── 6 月日期
>>> eastern.utcoffset(jan)
datetime.timedelta(-1, 68400)
```

```
>>> eastern.utcoffset(jun)
datetime.timedelta(-1, 72000)

>>> eastern.dst(jan)
datetime.timedelta(0)

>>> eastern.dst(jun)
datetime.timedelta(0, 3600)

>>> eastern.tzname(jun)
'EDT'

>>> eastern.tzname(jan)
'EST'
```

時區列表

pytz 提供一些屬性，可非常方便的回傳時區名稱。

pytz 的屬性

屬性名稱	說明	回傳值
country_timezones	對應 ISO 3166 的國碼回傳時區的字典資料	dict
country_names	對應 ISO 3166 的國碼回傳時區的英文國名字典資料	dict
all_timezones	利用 pytz 回傳可能使用的所有時區名稱列表	list
all_timezones_set	所有時區名稱的集合	set
common_timezones	一般的時區名稱列表，不包含已不使用的時區名稱	list
common_timezones_set	一般的時區名稱集合	set

使用 pytz 屬性的程式範例

```
>>> pytz.country_timezones['nz'] ── 取得指定的國家時區
['Pacific/Auckland', 'Pacific/Chatham']
>>> pytz.country_names['nz'] ── 取得國名
'New Zealand'

>>> len(pytz.all_timezones)
582

>>> len(pytz.common_timezones)
431

>>> 'Singapore' in pytz.all_timezones_set
True

>>> 'Singapore' in pytz.common_timezones_set
  └── Singapore 不存在於一般的時區名稱中
False

>>> 'Asia/Singapore' in pytz.common_timezones_set
True
```

MEMO

4

資料型態與演算法

Python 中提供列表、字典、集合等內建型態的資料結構外，標準函式庫中亦提供各種用途可使用的資料結構。為了能依不同目的選擇適合的資料結構及演算法，讓我們了解一下其各自的功能與特徵。

collections

操作各種容器型態

這裡介紹可註冊其他物件並可有效管理集合的 collections 模組。

計數資料個數

輸入資料後要計算每個值的出現次數時，可利用 collections.Counter。

collections.Counter 的範例

```
>>> import collections
>>> c = collections.Counter()
>>> c['spam'] += 1 ── 累加 'spam'
>>> c[100] += 1 ── 累加 100
>>> c[200] += 1 ── 累加 200
>>> c[200] += 3 ── 累加 200
>>> c
Counter({'spam': 1, 100: 1, 200: 4})
```

collections.Counter 是從字典型態衍生出的類別，其在字典型態加上計數的功能。

Counter 類別

格式	class Counter([iterable-or-mapping] [, key=value , key=value , ...])
參數	• iterable-or-mapping – 設定 Counter 物件初始值的對應物件或設定可迭代物件 • key – 設定註冊 Counter 物件的鍵值 • value – 設定對應 key 的值
回傳值	Counter 物件

若 collections.Counter 中設定字典等這類對應物件，則會建立相同 key 與值的 Counter 物件；若是設定列舉 key 值的可迭代物件，則每個 key 值都會被作為值建立 Counter 物件。

collections.Counter 物件的建構

```
>>> counter = collections.Counter(
...     [1, 2, 3, 1, 2, 1, 2, 1])

>>> counter
Counter({1: 4, 2: 3, 3: 1})
```

未註冊之鍵值的值為 0, 參考未註冊鍵值時不會產出 KeyError 的例外錯誤訊息。

參考未註冊的鍵值

```
>>> counter = collections.Counter() ── 空的 Counter
>>> counter
Counter()

>>> counter['spam'] ── 參考不存在的元素不會發出錯誤
0

>>> counter['spam'] += 1 ── 累加 'spam'
>>> counter
Counter({'spam': 1})
```

Counter 物件除了一般字典物件外，還提供下列顯示方法。

Counter 物件的方法

方法名稱	說明	回傳值
elements()	依據元素鍵值個數將值列舉顯示	鍵值迭代顯示
most_common([n])	依最大值的順序回傳鍵值與值的值組，若設定整數值 n, 回傳最大 n 個元素	列表物件
subtract([iterable-or-mapping])	從元素中計算迭代或對應物件的值	None

Counter 物件亦支援下列三種運算子。

Counter 物件支援的二元運算子

運算子	說明
+	從 2 個 Counter 物件的所有元素值建立 Counter 物件。 相同鍵值的元素進行加法運算
-	從左項 Counter 物件與右項 Counter 物件同鍵值的元素值進行減法運算後，建立新的 Counter 物件。計算之結果，不包含負值的元素
&	從 2 個 Counter 物件的元素中找出相同鍵值之值，並建立新的 Counter 物件
|	從 2 個 Counter 物件的所有元素建立新的 Counter 物件。相同鍵值的兩個相異值，會取較大的值

Counter 物件支援的複合指定運算子

運算子	說明
+=	將右側 Counter 物件元素加入至左側 Counter 物件，相同鍵值的元素進行加法運算
-=	從左側 Counter 物件的元素與右側 Counter 物件中相同鍵值之元素進行減法運算，計算後結果若為負值則捨去該元素
&=	從左側 Counter 物件元素中，移除不存在於右側 Counter 物件的同鍵值元素，若有相同的值，則保留較小的值
|=	從 2 個 Counter 物件的所有元素建立新的 Counter 物件，相同鍵值的值，保留較大的值

Counter 物件支援的一元運算子

運算子	說明
+	與空的 Counter 物件進行加法運算
-	與空的 Counter 物件進行減法運算.

collections.Counter 的運算子

```
>>> counter1 = collections.Counter(spam=1, ham=2)
>>> counter2 = collections.Counter(ham=3, egg=4)
>>> counter1 + counter2
Counter({'ham': 5, 'egg': 4, 'spam': 1})

>>> counter1 - counter2
Counter({'spam': 1})

>>> counter1 & counter2
Counter({'ham': 2})

>>> counter1 | counter2
Counter({'egg': 4, 'ham': 3, 'spam': 1})

>>> counter1 += counter2
>>> counter1
Counter({'ham': 5, 'egg': 4, 'spam': 1})
```

計算之結果不包含小於 0 的值，如下。

負的 counter 值

```
>>> counter1 = collections.Counter(spam=-1, ham=2)
>>> counter2 = collections.Counter(ham=2, egg=-3)
>>> counter1 + counter2
Counter({'ham': 4})

>>> counter1 - counter2
Counter({'egg': 3})
```

一元的 ＋ 和 - 會與空的 Counter 物件進行加法與減法運算，如下。

collections.Counter 的一元運算子

```
>>> counter1 = collections.Counter(spam=-1, ham=2)
>>> +counter1
Counter({'ham': 2})

>>> -counter1
Counter({'spam': 1})
```

將多個字典容器彙整為單一字典

collections.ChainMap 可彙整多個字典容器，透過單一字典就可以查詢各個字典中的元素。這是因為 collections.ChainMap 中註冊了字典等對應物件。

collections.ChainMap 範例

```
>>> d1 = {'spam':1}
>>> d2 = {'ham':2}
>>> c = collections.ChainMap(d1, d2) ── 彙整 d1、d2
>>> c['spam'] ── 取得 d1['spam']
1

>>> c['ham'] ── 取得 d2['ham']
2
```

若要從 collections.ChainMap 物件取得元素，可依對應物件註冊之順序查找，就可取得元素的值。

ChainMap 類別

格式	class ChainMap([map1 , map2 , ...])
參數	• map1、map2、⋯ – 設定欲彙整的對應物件
回傳值	ChainMap 物件

針對 collections.ChainMap 物件執行新增、刪除等操作時，會先對最先註冊的對應物件值行操作，如下所示。

collections.ChainMap 更新

```
>>> d1 = {'spam':1}
>>> d2 = {'ham':2}
>>> c1 = collections.ChainMap(d1, d2)
>>> c1['bacon'] = 3 ── 在字典 d1 新增 'bacon'
>>> d1
{'spam': 1, 'bacon': 3}

>>> c1.clear() ── 清除字典 d1
>>> d1
{}
```

collections.ChainMap 提供下列屬性與方法。

ChainMap 物件的屬性與方法

屬性、方法名稱	說明	回傳值
map	已註冊對應物件的列表	
parents	該屬性回傳新的 ChainMap 物件，物件元素包含除第一個對應物件外的其他對應物件	ChainMap 物件
new_child(m=None)	該屬性回傳新的 ChainMap 物件，物件元素包含 m 個對應物件與所有註冊的對應物件	ChainMap 物件

回傳預設值的字典

一般而言，若是參考無註冊鍵值的字典物件會產生 KeyError 例外錯誤，collections.defaultdict 是衍伸自字典的類別，即使參考到無註冊之鍵值也不會發生例外錯誤，而會回傳設定之預設值。

collections.defaultdict 範例

```
>>> d = {'spam':100} ── 一般的字典
>>> d['ham'] ── 參考無註冊鍵值發生錯誤
Traceback (most recent call last):
  File "<input>", line 1, in <module>
KeyError: 'ham'

>>> d['spam'] ── 有註冊之元素
100

>>> def value():
...     return 'default-value'

>>> d = collections.defaultdict(value, spam=100)
>>> d
defaultdict(<function value at 0x1037e1510>, {'spam': 100})

>>> d['ham']
'default-value'
```

collections.defaultdict 存取不存在的鍵值時的回傳值，亦可設定為回傳物件。

defaultdict 類別

格式	class defaultdict([default_factory , ...])
參數	• default_factory – 存取無註冊鍵值之回傳值，設定為可叫用之物件。省略時表示為 None，當存取無註冊鍵值會拋出與一般字典相同之例外錯誤。 • ... – 與 dict() 相同設定字典之初始值
回傳值	defaultdict 物件

若要回傳為 0 的預設值，須將參數物件型態設定為 int；若要回傳空字典或列表的預設值，則可設定為 dict、list，如下所示。

依據初始值設定物件型態

```
>>> c = collections.defaultdict(int) ── 預設為數值 0
>>> c['spam']
0

>>> c = collections.defaultdict(list) ── 預設為新的列表
>>> c['spam'].append(100)
>>> c['spam'].append(200)
>>> c
defaultdict(<class 'list'>, {'spam': [100, 200]})
```

針對無註冊之元素也可以使用 +=、-+ 等複合指定運算子。

針對 defaultdict 使用複合指定運算子

```
>>> c = collections.defaultdict(int) ── 預設為數值 0
>>> c['spam'] += 100 ── 與 c['spam'] = c['spam'] + 100 相同
>>> c
defaultdict(<class 'int'>, {'spam': 100})
```

依註冊順序取得元素

一般的字典物件如透過 for 迴圈等方式列舉元素，取出的元素不會是固定的順序，也就是說相同的處理執行兩次，會出現不同的元素順序。

collections.OrderedDict 字典物件可記錄註冊元素的順序，因此列舉元素會依照註冊的順序顯示。

collections.OrderedDict 的範例

```
>>> d = collections.OrderedDict() ── 建立 OrderedDict
>>> d['spam'] = 100
>>> d['ham'] = 200
>>> for key in d: print(key) ── 依註冊順序取得元素
...
spam
ham
```

collections.OrderedDict 與其他 dict 型態相同，可利用其他字典或序列、關鍵字參數等進行初始化，但要注意的是，只有透過序列的方式註冊元素，才會將順序紀錄下來。

但若以字典型態作為初始值設定，若該字典型態非 collections.OrderedDict 時，則從字典取出的順序就不是確定的，因此當 collections.OrderedDict 作為元素，是用何種順序註冊亦是無法知道的。

此外，若是用關鍵字作為 collections.OrderedDict 的初始值設定時，註冊順序不會與關鍵字設定順序相同。Python 在呼叫 collections.OrderedDict 時會將所有的關鍵字參數建立成字典物件，再作為參數傳遞給 collections.OrderedDict, 此時 collections.OrderedDict 才存取該關鍵字參數字典取得元素進行註冊，這時從字典取得元素的順序就是不確定的。

collections.OrderedDict 的初始值

```
>>> d = collections.OrderedDict(
...     [("spam", 100), ("ham", 200)]) ── 以序列設定初始值
>>> d ── 依元素設定順序註冊
OrderedDict([('spam', 100), ('ham', 200)])

>>> d = collections.OrderedDict({"spam":100, "ham":200}) ── 以字典設定初始值
>>> d ── 元素的註冊順序不定
OrderedDict([('ham', 200), ('spam', 100)])

>>> d = collections.OrderedDict(spam=100, ham=200) ── 以關鍵字設定初始值
>>> d ── 元素的註冊順序不定
OrderedDict([('ham', 200), ('spam', 100)])
```

collections.OrderedDict 物件提供下列方法。

OrderedDict 物件的方法

方法名稱	說明	回傳值
popitem(last=True)	last 為 True 時，將最後註冊之元素刪除後回傳。若不為 True, 則將最初註冊之元素刪除後回傳	刪除之物件
move_to_end(key, last=True)	last 為 True 時，將指定之鍵值移至最後。若不為 True, 則將指定之鍵值移至開頭	

活用 Tuple 結構

Python 中要將資料以結構化管理時經常會使用 Tuple, 例如 3 維的座標（100, -10, 50）即可用 Tuple 保存。collections.namedtuple 不僅可以放入整數索引值，也提供可設定屬性名稱以取得元素的 Tuple 衍生型態。

collections.namedtuple 範例

```
>>> Coordinate = collections.namedtuple('Coordinate', 'X, Y, Z')
>>> c1 = Coordinate(100, -50, 200)
>>> c1
Coordinate(X=100, Y=-50, Z=200)

>>> c1.X
100
```

collections.namedtuple 可依據設定之元素建立 Tuple 衍生型態。

namedtuple() 函數

格式	namedtuple(typename, field_names, verbose=False, rename=False)
參數	• typename – 設定 Tuple 型態之型態名稱 • field_names – 設定 Tuple 元素名稱，可用元素名稱之序列或以逗點區隔之字串設定 • verbose – 若設定為 True, 則在建置前會印出類別定義 • rename – 若設定為 True, 則不合法的欄位命名會自動被取代為位置命名
回傳值	namedtuple 物件

collections.namedtuple 的記憶體使用量與一般的 Tuple 相同，能夠有效率的管理資料。

使用 deque(雙向佇列)

collections.deque 是稱為「double ended queue(雙向佇列)」的資料結構，從佇列前端、後端進行資料執行新增與刪除操作，無論佇列中資料筆數，皆可有一定之效率。

deque 類別

格式	class deque([iterable, [maxlen]])
參數	• iterable – 設定 deque 初始值 • maxlen – 設定 deque 元素個數最大值，若超過最大值，當從前端新增時會同時從後端刪除元素，當從後端新增時則會同時從前端刪除元素
回傳值	deque 物件

deque 也可如列表等結構，透過索引存取元素，但無法用如 deq〔1:2〕切片的方式設定參考。

collections.deque 中透過索引存取

```
>>> deq = collections.deque('spam')
>>> deq
deque(['s', 'p', 'a', 'm'])

>>> deq[1]
'p'

>>> deq[1] = 'P'
>>> deq
deque(['s', 'P', 'a', 'm'])

>>> deq[1:-1] ── 切片演算尚未支援
Traceback (most recent call last):
  File "<stdin>", line 1, in <module>
  TypeError: sequence index must be integer, not 'slice'
```

但如果透過索引存取 deque 物件的中間元素，處理時間則會依據元素數量決定，若有大量的存取操作，請不要使 deque 物件，而應改用列表物件會有較高的效率。

要對 deque 前端或後端新增或刪除資料，可應用 deque 之特徵，其針對 deque 兩端資料新增、刪除提供下表的方法。

deque 物件的方法

方法名稱	說明	回傳值
append(x)	新增 x 至 deque 後端	
appendleft(x)	新增 x 至 deque 前端	
extend(iterable)	新增如列表等迭代物件之元素至 deque 後端	
extendleft(iterable)	新增如列表等迭代物件之元素至 deque 前端。因為是將迭代物件之元素從開頭一個一個新增至 deque 前端，因此結果之順序會與原先迭代物件相反	
pop()	刪除 deque 後端元素並回傳。當 deque 不存在元素時，回傳 IndexError 例外	刪除之物件
popleft()	刪除 deque 前端元素並回傳。當 deque 不存在元素時，回傳 IndexError 例外	刪除之物件

利用 deque 物件計算最新 5 筆資料移動平均的程式範例如下。

移動平均之計算

```
>>> deq = collections.deque(maxlen=5)
>>> for v in range(10):
...     deq.append(v)
...     if len(deq) >= 5:
...         print(list(deq), sum(deq)/5)
...
[0, 1, 2, 3, 4] 2.0
[1, 2, 3, 4, 5] 3.0
[2, 3, 4, 5, 6] 4.0
[3, 4, 5, 6, 7] 5.0
[4, 5, 6, 7, 8] 6.0
[5, 6, 7, 8, 9] 7.0
```

deque 物件還有提供 rotate(n) 操作，當 n 設定為正整數，表示要將 deque 元素執行右方向旋轉，設定為負整數時，則執行左方向旋轉，如下範例。

deque.rotate 範例

```
>>> deq = collections.deque('12345')
>>> deq
deque(['1', '2', '3', '4', '5'])

>>> deq.rotate(3) ── 右方向旋轉
>>> deq
deque(['3', '4', '5', '1', '2'])

>>> deq.rotate(-3) ── 左方向旋轉
>>> deq
deque(['1', '2', '3', '4', '5'])
```

我們可以應用 deque 的 rotate() 方法特性將物件第一個元素與第二個元素的位置對調，其程式如下。

deque.rotate 的應用範例

```
>>> deq = collections.deque('12345')
>>> first = deq.popleft() ── 取出前端第一個元素
>>> first
'1'

>>> deq.rotate(-1) ── 往左旋轉，現在第一個元素被移至後端
>>> deq.appendleft(first) ── 將原先的第一個元素新增至前端
>>> deq.rotate(1) ── 往右旋轉，回復第一個元素
>>> deq
deque(['2', '1', '3', '4', '5'])
```

heapq

堆積佇列

這裡要介紹使用列表物件作為堆積佇列提供功能的 heapq 模組，其也被稱為優先佇列，其特性為列表中的最小值會被作為前端的第一個元素。

從列表中逐一取出元素最小值

利用優先佇列的性質，可從一連串的數值中快速取得最小值。

heapq 的範例程式

```
>>> import heapq
>>> queue = [] ── 作為堆積佇列使用的列表物件
>>> heapq.heappush(queue, 2)
>>> heapq.heappush(queue, 1)
>>> heapq.heappush(queue, 0)
>>> heapq.heappop(queue) ── 從堆積佇列取得最小元素
0

>>> heapq.heappop(queue)
1

>>> heapq.heappop(queue)
2

>>> heapq.heappop(queue)
Traceback (most recent call last):
  File "<stdin>", line 1, in <module>
  IndexError: index out of range
```

heappush() 函數

格式	heappush(heap, item)
說明	在列表物件 heap 新增 item
參數	• heap – 設定做為堆積的列表物件 • item – 設定註冊之物件

heappop() 函數

格式	heappop(heap)
說明	從列表物件 heap 刪除最小值並回傳。當列表為空時，發出 IndexError
參數	• heap – 設定做為堆積的列表物件
回傳值	從 heap 所移除的值

從序列建立前 n 項列表

堆積佇列可用有效率的方式從一連串資料中，依據設定之項目數按大小取出資料。

用 heapq 取得一定項目數的資料

```
>>> queue = [1,2,3,4,5]  ── 作為堆積佇列的列表物件
>>> heapq.heapify(queue)  ── 將元素調整為 heapq
>>> heapq.heappushpop(queue, 6)  ── 新增資料並去除最小值
1

>>> heapq.heappushpop(queue, 7)  ── 新增資料並去除最小值
2

>>> queue
[3, 4, 7, 6, 5]
```

heapify() 函數

格式	heapify(heap)
說明	將列表物件 heap 的元素調整為堆積佇列
參數	• heap – 設定做為堆積佇列的列表物件

heappushpop() 函數

格式	heappushpop (heap, item)
說明	新增 item 至列表物件 heap 中，接著將最小值刪除並回傳
參數	• heap – 設定做為堆積佇列的列表物件 • item – 設定註冊之物件
回傳值	從 heap 刪除之值

heapreplace() 函數

格式	heapreplace(heap, item)
說明	從列表物件中刪除最小值，並將 item 新增至 heap 中，最後回傳刪除的值。當列表為空時，送出 IndexError 例外
參數	• heap – 設定做為堆積佇列的列表物件 • item – 設定註冊之物件
回傳值	從 heap 刪除之值

heappushpop() 是新增資料 item 後刪除最小值，heapreplace() 則是刪除最小值後新增資料 item。因此當 item 為堆積佇列中最小值時，heappushpop() 會回傳 item, 但 heapreplace() 會在 item 新增前回傳最小值。

bisect

二分搜尋演算法

這裡要介紹實作二分搜尋演算法的 bisect 模組，該演算法針對排序的資料（列表、Tuple 等）進行搜尋，並將結果索引值回傳。

利用二分搜尋法搜尋列表

bisect 模組中提供同樣是二分搜尋法，卻回傳不同結果的兩個函數。當目標值存在序列中時，一種是將最先元素的索引值回傳，另一種則是回傳最後元素的下一個元素索引值。

bisect 範例

```
>>> import bisect
>>> seq = [0, 1, 2, 2, 3, 4, 5] ── 遞增排序的列表
>>> bisect.bisect_left(seq, 2) ── 回傳第一個元素 2 的索引值
2

>>> bisect.bisect_right(seq, 2) ── 回傳最後一個元素 2 的下一個元素索引值
4
```

bisect_left() 函數

格式	bisect_left(a, x, lo=0, hi=len(a))
說明	針對已排序之序列 a，回傳插入 x 的索引值。當 a 存在 x 時，回傳第一個 x 的索引值
參數	• a – 設定以排序之序列 • x – 設定搜尋值 • lo – 設定搜尋起始位置。省略時表示從最前端開始搜尋 • hi – 設定搜尋結束位置。省略時表示搜尋至最後端
回傳值	插入位置的索引值

bisect_right()、bisect() 函數

格式	bisect_right(a, x, lo=0, hi=len(a)) bisect(a, x, lo=0, hi=len(a))
說明	與 bisect_left() 相同，針對已排序之序列 a, 回傳插入 x 的索引值。但當 a 存在 x 時，與 bisect_left() 的差異在於會回傳最後一個 x 的下一個索引值
參數	• a – 設定以排序之序列 • x – 設定搜尋值 • lo – 設定搜尋起始位置。省略時表示從最前端開始搜尋 • hi – 設定搜尋結束位置。省略時表示搜尋至最後端
回傳值	插入位置的索引值

維持列表的已排序狀態

要維持列表的排序狀態，比起插入資料後再排序，在找到適當索引位置後再插入資料會有更好的效率，bisect 模組有提供相關的函數處理。

bisect.insort_left() 範例

```
>>> seq = [0, 1, 2, 3, 4, 5]
>>> bisect.insort_left(seq, 3)
>>> seq
[0, 1, 2, 3, 3, 4, 5]
```

insort_left() 函數

格式	insort_left()
說明	對已排序之序列 a, 將 x 插入 bisect_left() 回傳索引值的位置上
參數	• a – 設定以排序之序列 • x – 設定搜尋值 • lo – 設定搜尋起始位置。省略時表示從最前端開始搜尋 • hi – 設定搜尋結束位置。省略時表示搜尋至最後端

insort_right()、insort() 函數

格式	insort_right(a, x, lo=0, hi=len(a)) insort(a, x, lo=0, hi=len(a))
説明	與 insort_left() 相同，對已排序之序列 a 插入 x。insort_right() 的插入位置會以 bisect_right() 取得
參數	• a – 設定以排序之序列 • x – 設定搜尋值 • lo – 設定搜尋起始位置。省略時表示從最前端開始搜尋 • hi – 設定搜尋結束位置。省略時表示搜尋至最後端

array

存取數值陣列

這裡要介紹提供高效率存取數值陣列的 array 模組，該模組的 array.array 型態是可更新之序列，其只能儲存建立實體時設定的資料型態。

arrry.array 的元素並不是 Python 的物件，而是以平台固有的二元資料儲存，也因此相較於列表或 Tuple 等結構，陣列有較優的記憶體效率。

用 array.array 儲存數值

array.array 物件的建立

```
>>> import array
>>> arr = array.array('f', [1,2,3,4])  ── 單精準浮點數的 array
>>> arr
array('f', [1.0, 2.0, 3.0, 4.0])
```

array 類別

格式	class array(typecode [, initializer])
參數	• typecode – 依照型態設定字串列表設定儲存之 array 元素型態 • initializer – 設定 array 初始值序列或迭代物件
回傳值	array 物件

型態設定字串一覽

型態設定字串	C 語言型態名稱	Python 型態名稱	最小 Byte 數
'b'	singed char	int	1
'B'	unsigned char	int	1
'u' ※1	Py_UNICODE	int	2
'h'	signed short	int	2
'H'	unsigned short	int	2
'i'	signed int	int	2
'I'	unsigned int	int	2
'l'	signed long	int	4
'L'	unsigned long	int	4
'q' ※2	signed long long	int	8
'Q' ※2	unsigned long long	int	8
'f'	float	float	4
'd'	double	float	8

※1 Python 3.3 不推薦使用

※2 當平台 C 編譯器支援時可使用，Winodows 環境中用 __int64 取代 long long

array.array 物件如同序列物件、列表物件等可執行元素的新增、刪除等操作，如下範例。

array.array 物件的操作

```
>>> arr.append(100.0) ── 元素的新增
>>> arr[2] = 200. ── 元素的更新
>>> arr
array('f', [1.0, 2.0, 200.0, 4.0, 100.0])

>>> del arr[-1] ── 刪除最後元素
>>> arr
array('f', [1.0, 2.0, 200.0, 4.0])

>>> sum(arr) ── 計算元素總和
207.0
```

Binary Data 的輸出、輸入

array.array 提供將 Binary Data 輸出至檔案的 tofile() 方法。

將 array.array 物件輸出至檔案

```
>>> arr = array.array('i', (1,2,3,4,5))   — int 型態的 array
>>> with open('bin-int', 'wb') as f:       — 以模式 'b' 開啟檔案
...     arr.tofile(f)
...
```

fromfile() 方法

格式	array.fromfile(f, n)
參數	• f – 設定載入元素的檔案物件 • n – 設定載入的元素各數

若要從檔案讀取 Binary Data, 則可以使用 fromfile() 方法。

從檔案讀取資料至 array.array 物件

```
>>> arr = array.array('i')
>>> with open('bin-int', 'rb') as f:       — 以模式 'b' 開啟檔案
...     arr.fromfile(f, 5)
...

>>> arr
array('i', [1, 2, 3, 4, 5])
```

tofile() 方法

格式	array.tofile(f)
參數	• f – 設定元素要輸出的檔案物件

weakref

以弱參考執行物件管理

這裡要說明可對物件使用弱參考 (Weak reference) 功能的 weakref 模組。

Python 中會針對應用程式所使用之物件參考狀態進行監控，不需要的物件就會自行釋放，例如若是有參考變數或列表元素的物件，就是需要的物件；反之若完全無參考，則會被判斷為不需要的物件，而被垃圾回收器刪除。

此外，即使是給外部參考，當不需要參考目標之物件時亦可釋放記憶體，此種參考方式就稱為「弱參考」。

依據弱參考的方式，當物件不存在一般的參考時，就會被垃圾回收器釋放記憶體。

以弱參考方式將檔案內容作成快取

接下來介紹如何將載入檔案的內容，儲存在共用的記憶體中，若沒有使用弱參考，其實作方法如下。

一般的檔案內容共有作法

```
>>> _files = {} ── 保存檔案內容的字典
>>> def share_file(filename):
...     if filename not in _files:
...         ret = _files[filename] = open(filename)
...     else:
...         ret = _files[filename]
    return ret
```

share_file() 中，若設定的檔名已經註冊在 _file 中，則直接回傳檔案內容；若尚無註冊，則開啟檔案並註冊於 _file 中後再將內容回傳。

下面範例為相同之處理，但改以弱參考的方式實作。

使用弱參考實作檔案內容共有作法

```
>>> import weakref
>>> _files = weakref.WeakValueDictionary() ── 保存檔案內容的字典
>>> def share_file(filename):
...     if filename not in _files:
...         ret = _files[filename] = open(filename)
...     else:
...         ret = _files[filename]
    return ret
```

share_file() 的內容沒有改變，但保存檔案內容的字典改用 weakref.WeakValueDictionary。

weakref.WeakValueDictionary 與一般字典相同，為儲存鍵值與值的對應物件，但其值的參考是以弱參考的方式維持，當其註冊的元素值不存在一般參考時，垃圾回收器就會將其釋放，weakref.WeakValueDictionary 便會將該鍵值與值的實體 (Entry) 刪除。

範例中載入之檔案以弱參考註冊於字典中，檔案在其他處理使用時持續維持字典之元素，若此時再次叫用同一個檔案名稱，便不會載入新檔案而回傳快取中的內容。

當所有處理結束不需要檔案時，在此時間點會從 _file 刪除元素，釋放不需要的記憶體。

WeakValueDictionary 類別

格式	class weakref.WeakValueDictionary([dict])
參數	• dict – 若設定字典，會將其鍵值與值作為初始值設定
回傳值	WeakValueDictionary 物件

還有另一個 weakref.WeakKeyDictionary 不是針對值，而是針對鍵值維持弱參考。當鍵值的物件被刪除時，自動將該鍵值與值的實體刪除。

WeakKeyDictionary 類別

格式	class weakref.WeakKeyDictionary([dict])
參數	• dict – 若設定字典，會將其鍵值與值作為初始值設定
回傳值	WeakKeyDictionary 物件

enum

以列舉型態設定固定值

這裡要介紹定義列舉型態的 enum 模組，該模組於 Python 3.4 中新發佈。

定義常數值的名稱

列舉型態可為每個常數值定義名稱，在 enum.Enum 的衍生類別中以「名稱 = 值」的方式定義。

例如設定明治、大正、昭和、平成分別設定為 1、2、3、4。

enum 的範例

```
>>> import enum
>>> class Nengo(enum.Enum): ── 列舉型態繼承 enum.Enum
...     MEIJI  = 1 ── 明治
...     TAISHO = 2 ── 大正
...     SHOWA  = 3 ── 昭和
...     HEISEI = 4 ── 平成
...

>>> nengo = Nengo.SHOWA ── 昭和
```

列舉值的名稱與值可分別透過 enum 物件的 name 屬性與 value 屬性取得。

列舉值的屬性

```
>>> nengo = Nengo.SHOWA ── 昭和
>>> nengo
<Nengo.SHOWA: 3>

>>> nengo.name ── 列舉值名稱
'SHOWA'

>>> nengo.value ── 列舉值的值
3
```

由於列舉值是 Enum 衍生類別列舉型態之實體 (Instance), 如果是相同列舉型態的列舉值，使用 == 運算子比較會回傳 True。

列舉值比較

```
>>> class Spam(enum.Enum):
...     HAM = 1
...     EGG = 2
...     BACON = 2
...
>>> isinstance(Spam.HAM, Spam) ── HAN、EGG、BACOM 是 Spam 型態的實體
True

>>> Spam.HAM == Spam.HAM ── 相同值的比較
True

>>> Spam.HAM == Spam.EGG ── 相異值的比較
False

>>> Spam.EGG == Spam.BACON ── 不同名稱，若值相同亦為相等
True
```

若是值相同但不同型態，則回傳 False, 如下所示。

與相異型態的比較

```
>>> class Spam2(enum.Enum):
...     HAM = 1
...     EGG = 2
...     BACON = 2
...
>>> Spam.HAM == Spam2.HAM ── 不同型態但相同值 (=1) 的比較
False

>>> Spam.HAM == 1 ── 與整數值的比較
False
```

若使用類別修飾器 (Class Decorator) 設定 enum.unique(), 相同值的列舉值就會發出異常。

unique 修飾器

```
>>> @enum.unique
... class Spam(enum.Enum):
...     HAM = 1
...     EGG = 1
...
Traceback (most recent call last):
  File "<stdin>", line 2, in <module>
  File "/Library/Frameworks/Python.framework/Versions/3.4/lib/python3.4/
  enum.py", line 524, in unique
    (enumeration, alias_details))
ValueError: duplicate values found in <enum 'Spam'>: EGG -> HAM
```

此外，列舉值是依照列舉型態的定義順序，以迭代的處理回傳，當遇到重複的列舉值時只會回傳一個。

列舉值的迭代處理

```
>>> class Spam(enum.Enum):
...     HAM = 1
...     EGG = 2
...     BACON = 1 ── 重複值：不會出現
...

>>> list(Spam)
[<Spam.HAM: 1>, <Spam.EGG: 2>]
```

4

pprint

格式化物件後輸出

這裡要介紹能將資料以易於瀏覽方式輸出的 pprint 模組。

格式化物件並輸出

開發時因為除錯的需要，有時要將列表或字典物件的內容輸出至畫面上，但如果直接利用 print() 函數，會直接將物件內容輸出。

利用 print() 輸出物件

```
>>> prefs = {
...     '北海道':'札幌', '青森縣':'青森',
...     '岩手縣':'盛岡', '宮城縣':'仙台',
...     '秋田縣':'秋田', '山形縣':'山形',
...     '福島縣':'福島', '茨城縣':'水戶',
...     '櫪木縣':'宇都宮', '群馬縣':'前橋',
...     '埼玉縣':'埼玉市', '千葉縣':'千葉',
... }

>>> print(prefs)
{'櫪木縣': '宇都宮', '山形縣': '山形', '秋田縣': '秋田', '青森縣': '青森',
'埼玉縣
': '埼玉市', '岩手縣': '盛岡', '千葉縣': '千葉', '宮城縣': '仙台',
'福島縣': '福
島', '北海道': '札幌', '茨城縣': '水戶', '群馬縣': '前橋'}

>>> print (list(prefs.items()))
[('櫪木縣', '宇都宮'), ('山形縣', '山形'), ('秋田縣', '秋田'), ('青森縣', '青森'
), ('埼玉縣', '埼玉市'), ('岩手縣', '盛岡'), ('千葉縣', '千葉'), ('宮城縣', '
仙台'), ('福島縣', '福島'), ('北海道', '札幌'), ('茨城縣', '水戶'), ('群馬縣', '
前橋')]
```

這樣當輸出的資訊很多時，所顯示的格式非常難以閱讀。

利用 pprint.pprint() 可將字典或列表等物件內容格式化成易於閱讀的格式，並輸出顯示。

格式	pprint.pprint(object, stream=None, indent=1, width=80, depth=None)
參數	• object – 設定輸出物件 • stream – 設定輸出目標的檔案物件 • indent – 設定輸出巢狀物件子元素時的縮排欄位數 • width – 設定輸出寬度 • depth – 設定輸出巢狀物件時最大的階層。設定為 None 表示輸出所有階層

用 pprint.pprint() 輸出物件

```
>>> import pprint
>>> pprint.pprint(prefs)
{' 北海道 ': ' 札幌 ',
 ' 千葉縣 ': ' 千葉 ',
 ' 埼玉縣 ': ' 埼玉市 ',
 ' 宮城縣 ': ' 仙台 ',
 ' 山形縣 ': ' 山形 ',
 ' 岩手縣 ': ' 盛岡 ',
 ' 櫪木縣 ': ' 宇都宮 ',
 ' 福島縣 ': ' 福島 ',
 ' 秋田縣 ': ' 秋田 ',
 ' 群馬縣 ': ' 前橋 ',
 ' 茨城縣 ': ' 水戸 ',
 ' 青森縣 ': ' 青森 '}

>>> pprint.pprint(list(prefs.items()))
[(' 櫪木縣 ', ' 宇都宮 '),
 (' 山形縣 ', ' 山形 '),
 (' 秋田縣 ', ' 秋田 '),
 (' 青森縣 ', ' 青森 '),
 (' 埼玉縣 ', ' 埼玉市 '),
 (' 岩手縣 ', ' 盛岡 '),
 (' 千葉縣 ', ' 千葉 '),
 (' 宮城縣 ', ' 仙台 '),
 (' 福島縣 ', ' 福島 '),
 (' 北海道 ', ' 札幌 '),
 (' 茨城縣 ', ' 水戸 '),
 (' 群馬縣 ', ' 前橋 ')]
```

itertools

迭代器的操作

這裡要介紹藉由迭代器 (Iterator) 實作各種處理的 itertools 模組。

Python 中對於連續的資料會以迭代器顯示，其是單純的界面物件，只需叫用迭代器 __next__() 方法，就會回傳迭代器的下一個值，當沒有值可回傳值則會拋出 StopIteration 的例外訊息，Python 中遇到迴圈或資料傳遞等狀況時都會利用迭代器處理。

取得迭代物件中所有元素的加總

若要取得迭代物件中所有元素的加總，可利用 itertools.accumulate() 處理。

accumulate() 函數

格式	itertools.accumulate(iterable, func=operator.add)
參數	• iterable – 設定迭代物件 • func – 設定接受兩參數之函數，省略時預設為 operator.add(), 計算時從第一個元素起算
回傳值	accumulate 迭代器

下面範例利用 spam() 計算兩參數之乘積，從列表最開頭元素值 1 起算，接著計算 spam(1, 2), 最後計算 spam(2, 3) 後回傳結果值。

itertools.accumulate() 範例

```
>>> import itertools
>>> def spam(left, right):
...     return left * right

>>> for v in itertools.accumulate([1,2,3], spam):
...    print(v)
...
1
2
6
```

itertools.accumulate() 會將所設定迭代物件的最初元素值作為初始值，接著將初始值與迭代物件的下一個值一起作為參數傳入函式，最後回傳計算結果。第二個值再以前面的回傳值結果與迭代物件的下一個值再次作為參數傳入函式，計算後再回傳。

itertools.accumulate() 的動作

```
>>> it = itertools.accumulate([1,2,3], spam)
>>> next(it) ── 初始值為迭代物件的最初元素值
1

>>> next(it) ── 最初元素值 (=1) + 2 = 3
left:1 right:2
3

>>> next(it) ── 第二的值 (=3) + 3 = 6
left:3 right:3
6

>>> next(it) ── 迭代物件結束
Traceback (most recent call last):
  File "<stdin>", line 1, in <module>
  StopIteration
```

鏈結多個迭代物件成一組迭代器

itertools.chain() 可鏈結多個迭代物件作成一組迭代器。

格式	itertools.chain(*iterable)
參數	• iterable – 設定迭代物件
回傳值	chain 迭代器

itertools.chain() 範例

```
>>> it = itertools.chain([1, 2, 3], {'a', 'b', 'c'}) ── 鏈結列表與集合
>>> for v in it:
...     print(v)
...
1
```

```
2
3
a
b
c
```

itertools.chain.from_iterable() 為 chain () 的另一個建構子，其可傳入準備好的單一迭代物件參數

from_iterable() 函數

格式	classmethod itertools.chain.from_iterable(iterable)
參數	• iterable – 設定回傳鏈結目標的迭代物件
回傳值	chain 迭代器

itertools.chain.from_iterable 範例

```
>>> iters = ([1, 2, 3], {'a', 'b', 'c'})
>>> for c in itertools.chain.from_iterable(iters):
...     print(c)
...
1
2
3
a
b
c
```

值的排列、組合與卡氏積

itertools.permutations() 可取得迭代物件的值，並將指定長度之序列作成迭代器。

permutations() 函數

格式	itertools.permutations(iterable , r)
參數	• iterable 一設定迭代物件 • r 一設定序列長度
回傳值	permutations 迭代器

itertools.permutations 範例

```
>>> for v in itertools.permutations('ABC', 2):
...     print(v)
...
('A', 'B')
('A', 'C')
('B', 'A')
('B', 'C')
('C', 'A')
('C', 'B')
```


若要取得迭代物件中值的組合，可利用 itertools.combinations()。

combinations() 函數

格式	itertools.combinations(iterable, r)
參數	• iterable – 設定迭代物件 • r – 設定序列長度
回傳值	combinations 迭代器

itertools.combinations 範例

```
>>> for v in itertools.combinations('ABC', 2):
...     print(v)
...
('A', 'B')
('A', 'C')
('B', 'C')
```

itertools.combinations_with_replacement() 同樣也可產生組合，但其可將相同值含進組合之中。

combinations_with_replacement() 函數

格式	itertools.combinations_with_replacement (iterable, r)
參數	• iterable – 設定迭代物件 • r – 設定序列長度
回傳值	combinations_with_replacement 迭代器

combinations_with_replacement 範例

```
>>> for v in itertools.combinations_with_replacement('ABC', 2):
...     print(v)
...
('A', 'A')
('A', 'B')
('A', 'C')
('B', 'B')
('B', 'C')
('C', 'C')
```

而 itertools.product 可傳入多個迭代物件，並從各迭代物件取一個元素出來作成組合。

product() 函數

格式	itertools.product(*iterable, repeat=1)
參數	• iterable – 設定迭代物件 • repeat – 設定值排入組合的次數。由於 repeat 為專用的關鍵字參數，務必以 repeat=2 的格式設定
回傳值	combinations_with_replacement 迭代器

itertools.product() 範例

```
>>> for v in itertools.product('ABC', [1,2,3]):
...     print(v)
...
('A', 1)
('A', 2)
('A', 3)
('B', 1)
('B', 2)
('B', 3)
('C', 1)
('C', 2)
('C', 3)
```

repeat 參數用以設定值排入組合的次數，當 repeat 設定為 1, itertools.product ('ABC',[1, 2, 3]) 會與下面之處理回傳相同的結果。

itertools.product('ABC', [1, 2, 3]) 的處理 (repeat=1)

```
def prod():
    for p in 'ABC':
        for q in [1,2,3]:
            yield (p, q)
```

當 repeat=2，則元素變成可重複兩次，其結果會與下面之處理回傳相同的結果。

itertools.product('ABC', [1, 2, 3], repeat=2) 的處理

```
def prod():
    for p in 'ABC':
        for q in [1,2,3]:
            for r in 'ABC':
                for s in [1,2,3]:
                    yield (p, q, r, s)
```

迭代物件的過濾 (Filtering)

若要從迭代物件中挑選出符合特定條件之元素，可利用 filter() 函數。

filter() 函數

格式	filter(function, iterable)
參數	• function – 設定 None 或驗證函數 • iterable – 設定迭代物件
回傳值	filter 迭代器

filter() 函數

```
>>> def is_even(n):    ← 若 n 為偶數則回傳 True
...     return n % 2 == 0
...

>>> for v in filter(is_even, [1, 2, 3, 4, 5, 6]):
...     print(v)
...
2
4
6
```

若 function 參數設定為 None, 則會回傳迭代物件中為值表示為真的元素。

filter(None, iterable) 範例

```
>>> items = [1, 0, 'Spam', '', [], [1]]
>>> for v in filter(None, items):
...     print(v)
...
1
Spam
[1]
```

而另一個 itertools.filterfalse() 則與 filter() 相反，當驗證之函數為假時才回傳值作成迭代器。當函數設定為 None, 則只會回傳迭代物件中值表示為假的元素。

filterfalse() 函數

格式	itertools.filterfalse(function , iterable)
參數	• function – 設定 None 或驗證函數 • iterable – 設定迭代物件
回傳值	filterfalse 迭代器

itertools.filterfalse() 範例

```
>>> def is_even(n):  ← 若 n 為偶數則回傳 True
...     return n % 2 == 0
...

>>> for v in itertools.filterfalse(is_even, [1, 2, 3, 4, 5, 6]):
...     print(v)
...
1
3
5

>>> items = [1, 0, 'Spam', '', [], [1]]
>>> for v in itertools.filterfalse(None, items):
...     print(v)
...
0

[]
```

最後來介紹 itertools.compress()，可設定 data、selectors 兩個迭代物件，當從 selectors 取得為真 (True) 的值時，也從 data 取出相同順序的值並做成迭代器。

compress() 函數

格式	itertools.compress(data, selectors)
參數	• data – 設定迭代物件 • selectors – 設定迭代物件，當取得真值時也從 data 取出相同順序的值，並做成迭代器回傳
回傳值	compress 迭代器

itertools.compress() 範例

```
>>> for v in itertools.compress(['spam', 'ham', 'egg'], [1, 0, 1]):
...     print(v)
...
spam
egg
```

製作等差數列

itertools.count() 可設定連續兩值之差，以建立固定增量的數列。

count() 函數

格式	itertools.count(start=0, step=1)
參數	• start – 設定數列初始值 • step – 設定值的增量
回傳值	count 迭代器

itertools.count() 範例

```
>>> for v in itertools.count(1, 2):
...     if v > 5: break
...     print(v)
...
1
3
5
```

從迭代器中選擇固定範圍的值

itertool.islice

itertool.islice() 可從指定的迭代物件中依據設定之範圍取得值後做成迭代器回傳。如同列表等序列物件，可以用 sequence[2:5] 取得元素，迭代器也可依據序號取得元素。

islice() 函數

格式	itertools.islice(iterable, stop) itertools.islice(iterable, start, stop [, step])
參數	• iterable – 設定迭代器 • stop – 設定取得 iterable 的結束位置，須設定正整數。若設定 None, 表示讀取至最後一個元素 • start – 設定取得 iterable 的起始位置，最初位置須設定正整數 • step – 設定從 iterable 取得值的位置間隔，須設定正整數。省略時預設為 1, 回傳所有值
回傳值	islice 迭代器

itertools.islice() 範例

```
>>> list(itertools.islice([0,1,2,3,4,5,6,7,8,9], 5))
[0, 1, 2, 3, 4]

>>> list(itertools.islice(itertools.count(1, 1), 3, 8, 2))
[4, 6, 8]
```

itertools.dropwhile

接著，itertools.dropwhile() 將迭代器中符合設定函數條件的值篩掉，並將剩下的值做成迭代器回傳。

dropwhile() 函數

格式	itertools.dropwhile(predicate, iterable)
參數	• predicate – 設定驗證函數 • iterable – 設定迭代物件
回傳值	dropwhile 迭代器

itertools.dropwhile() 範例

```
>>> def is_odd(v): return v % 2 — 奇數時回傳 True
...

>>> list(itertools.dropwhile(is_odd, [1,1,1,2,3,4]))
[2, 3, 4]
```

itertools.takewhile

相反的方法為 itertools.takewhile(), 將滿足驗證函數條件的元素做成迭代器回傳。

takewhile() 函數

格式	itertools.takewhile(predicate , iterable)
參數	• predicate – 設定驗證函數 • iterable – 設定迭代物件
回傳值	takewhile 迭代器

itertools.takewhile() 範例

```
>>> def is_odd(v): return v % 2 — 奇數時回傳 True
...
>>> list(itertools.takewhile(is_odd, [1,1,1,2,3,4]))
[1, 1, 1]
```

重複產生設定值

itertools.repeat

itertools.repeat() 可重複產生設定值。

repeat() 函數

格式	itertools.repeat(object, times=None)
參數	• object – 設定要重複產生的值 • times – 設定重複次數。省略時表示無限重複
回傳值	repeat 迭代器

itertools.repeat() 範例

```
>>> list(itertools.repeat('a', 5))
['a', 'a', 'a', 'a', 'a']
```

itertools.cycle

itertools.cycle() 可設定重複所有迭代器的值。

cycle() 函數

格式	itertools. cycle (iterable)
參數	• iterable – 設定要重複的迭代器
回傳值	cycle 迭代器

itertools.cycle() 範例

```
>>> for c in itertools.islice(itertools.cycle('abc'), 1, 5):
...     print(c)
b
c
a
b
```

彙整連續值

itertools.groupby() 可從設定之迭代物件中取得值，並將連續的相同值彙整為一個群組。

groupby() 函數

格式	itertools.groupby(iterable, key=None)
參數	• iterable – 設定迭代物件 • key – 設定用以轉換值的函數。若省略或是設定 None, 則會直接比較元素
回傳值	group 迭代器

itertools.groupby() 會回傳長度為 2 的 Tuple 表達，當中第一個元素是 iterable 取得的目標值，第二個元素則是連續相同值物件的迭代器。

itertools.groupby() 範例

```
>>> for value, group in itertools.groupby(['a', 'b', 'b', 'c', 'c', 'c']):
...     print(value, group, tuple(group))
a <itertools._grouper object at 0x1007af9b0> ('a',)
b <itertools._grouper object at 0x1007afa58> ('b', 'b')
c <itertools._grouper object at 0x1007af9b0> ('c', 'c', 'c')
```


若 key 有設定函數，則會依照轉換的值做成群組。

itertools.groupby() 設定 key 的範例

```
>>> def is_odd(v): return v % 2 ── 若為奇數則回傳 1
...

>>> for value, group in itertools.groupby([10, 20, 31, 11, 3, 4], is_odd):
...     print(value, tuple(group))
...
0 (10, 20)
1 (31, 11, 3)
0 (4,)
```

從多個迭代物件元素做成 Tuple

zip

zip() 可從設定的多個迭代物件中逐一取出值，並做成 Tuple 元素後回傳迭代器。

zip() 函數

格式	zip(*iterables)
參數	• iterables – 設定迭代物件。zip() 之長度為 iterables 中最短迭代物件之長度
回傳值	zip 迭代器

zip() 範例

```
>>> for v in zip((1, 2, 3), ('a', 'b', 'c'), (' ', ' ', ' ')):
...     print(v)
...
(1, 'a', ' ')
(2, 'b', ' ')
(3, 'c', ' ')
```

zip() 亦可作為行列交換之函數，如下範例。

行列交換

```
>>> matrix = [(1,2,3), (4,5,6), (7,8,9)] ── 3*3 的行列式
>>> transformed = list(zip(*matrix)) ── 行列交換
>>> transformed
[(1, 4, 7), (2, 5, 8), (3, 6, 9)]

>>> list(zip(*transformed)) ── 再次行列交換回到原始狀態
[(1, 2, 3), (4, 5, 6), (7, 8, 9)]
```

itertools.zip_longest

zip() 處理只要有一個設定的迭代物件的值取到最後一個，整個執行就會結束而不會繼續處理其他的迭代物件內容，若要將所有迭代物件內容做成 Tuple, 可使用 itertools.zip_longest()。

zip_longest() 函數

格式	itertools.zip_longest(*iterables , fillvalue=None)
參數	• *iterables – 設定迭代物件 • fillvalue – 設定當迭代物件內容取完時所使用的值
回傳值	zip_longest 迭代器

itertools.zip_longest() 範例

```
>>> for v in itertools.zip_longest('abcdefg', '123', '  ',
fillvalue='-'):
...     print(v)
...
('a', '1', ' ')
('b', '2', ' ')
('c', '3', ' ')
('d', '-', ' ')
('e', '-', ' ')
('f', '-', '-')
('g', '-', '-')
```

轉換迭代器的值

map

若要將迭代器的值套用函數進行轉換，可以使用 map()。

map() 函數

格式	map(func, *iterables)
參數	• func – 設定用以轉換的函數 • iterables – 設定迭代物件。map() 之長度為 iterables 中最短迭代物件之長度
回傳值	map 迭代器

map() 範例

```
>>> for v in map(chr, [0x40, 0x41, 0x42, 0x43]):
...     print(v)
...
@
A
B
C
```

若設定多個迭代器，將每個迭代器元素作為參數呼叫 func。

map() 設定多個迭代物件

```
>>> for v in map(min, 'spam', 'ham', 'egg'):
  └── 叫用 min(c1, c2, c3) 回傳最小值
...     print(v)
...
e
a
a
```

Python 3 的 map 與 Python 2 有所不同，func 無法設定 func, 因此若要將數個迭代物件元素做成 Tuple, 就必須使用 zip()。

itertools.starmap

若迭代物件是包在其他迭代物件中的情況，可以使用 itertools.starmap() 處理。

starmap() 函數

格式	itertools.starmap(func , iterables)
參數	func – 設定轉換數值之函數 iterables – 設定可回傳迭代物件的迭代物件
回傳值	starmap 迭代器

itertools.starmap() 除參數型態不同之外，其處理與 map() 相同。

itertools.starmap() 範例

```
>>> iterables = ['spam', 'ham', 'egg']
>>> for v in itertools.starmap(min, iterables):
  └── 叫用 min(c1, c2, c3) 回傳最小值
...     print(v)
...
e
a
a

>>> for v in map(min, *iterables):
  └── starmap(min, iterables) 與 map(min, *iterables) 相同
...   print(v)
```

```
...
e
a
a
```

複製迭代器

itertools.tee() 可用以保存迭代物件的迭代器回傳值，並複製成數個可回傳相同值的迭代器。

tee() 函數

格式	itertools.tee(iterable, n=2)
參數	• Iterable – 設定迭代物件 • n – 設定做成的迭代器個數
回傳值	複製的迭代器 Tuple

MEMO

5

系統作業處理

本章將介紹與系統作業處理、協助伺服器運用管理的標準函式庫，善加利用這些功能，可以對作業自動化與效率有非常大的幫助。

OS

作業系統功能模組

本章節介紹針對作業系統提供各種功能的 os 模組。os 模組提供下列功能。

- 執行中行程屬性的操作
- 檔案與目錄的操作
- 行程管理
- 各種系統資訊的存取
- 排程的介面

下面將說明相關函數的用法。

執行中行程的操作

os 模組針對執行中行程的屬性提供取得、變更等操作。

可操作的屬性與對應的函數

屬性種類	函數
環境變數	environ、getenv()、putenv()、...
User ID	getuid()、setuid()、geteuid()、seteuid()、...
Group ID	getgid()、setgid()、getgroups()、setgroups()、...
Process ID	getpid()、getpgid()、getppid()、...
排程優先度	getpriority()、setpriority()、...

關於行程屬性之功能大多依存 UNIX 作業系統的功能，Windows 環境中很多都無法使用，詳細內容可參考官方文件。

接著從上面這些屬性中說明使用情境較多的 environ 環境變數函數。

os.environ 是 Python 行程啟動時用以儲存環境變數的對應物件，無論是 UNIX 或 Windows 皆可使用。

存取環境變數

```
>>> import os
>>> os.environ['HOME'] ─ 儲存使用者主目錄的環境變數
'/home/example'

>>> os.environ['HAM'] = 'egg' ─ 設置新環境變數
```

os.environ 中儲存的內容是初始時 os 模組被載入時的環境變數，所謂「初始時」一般是指 Python 啟動時執行 site.py 的時候，在這之後變更的環境變數皆不會被反應，除非透過 os.environ 直接修改。此外設置的環境變數因只反應於執行中的行程，因此其值無法用於與別的行程共用。

從 os 模組可操作的其他行程屬性同樣也只作用於執行中的行程。

檔案與目錄的操作

os 模組提供檔案操作的功能，大部分功能在 UNIX 和 Windows 都支援，但像使用連結檔 (Symbolic link) 的功能在 Windows 並不支援。

檔案操作相關的函數

函數名稱	説明	回傳值	可支援環境
chdir(path)	設定當前作業目錄為 path	None	Unix、Windows
chmod(path, mode, *, dir_fd=None, follow_symlinks=True)	變更 path 設定之檔案或目錄的模式	None	Unix
chown(path, uid, gid, *, dir_fd=None, follow_symlinks=True)	變更 path 設定之檔案或目錄的所有者或群組	None	Unix
getcwd()	回傳目前作業目錄	Str	Unix、Windows

函數名稱	說明	回傳值	可支援環境
listdir(path='.')	回傳 path 設定之目錄內的檔案與目錄	list	Unix、Windows
mkdir(path, mode=0o777, *, dir_fd=None)	建立 path 設定之目錄	None	Unix、Windows
makedirs(name, mode=0o777, exist_ok=False)	以遞迴方式建立 name 設定之目錄，除建立最後的資料夾外，中間的路徑目錄亦會建立	None	Unix、Windows
remove(path, *, dir_fd=None)	移除 path 設定之檔案，若設定為目錄，則會發出 OSError 例外	None	Unix、Windows
removedirs(name)	以遞迴方式從 name 設定之最末端移除目錄	None	Unix、Windows
rename(src, dst, *, src_dir_fd=None, dst_dir_fd=None)	將檔案或目錄之路徑從 src 改為 dst	None	Unix、Windows
renames(old, new)	將檔案或目錄之路徑從 old 改為 new。	None	Unix、Windows
rmdir(path)	移除 pathg 設定之目錄，若目錄不為空則會發出 OSError	None	Unix、Windows
symlink(source, link_name, target_is_directory=False, *, dir_fd=None)	建立指向 source 且名稱為 link_name 之符號連結。Windows 版本 Vista 後可支援	None	Unix、Windows

下面是檔案與目錄操作相關的代表性函數使用範例。

基本檔案操作

```
>>> import os
>>> os.getcwd() ── 取得當前作業目錄
'/home/example'

>>> os.chdir('/tmp') ── 移動至 /tmp 目錄
>>> os.mkdir('test') ── 建立 test 目錄
```

```
>>> os.listdir('.') ── 取得當前目錄內檔案與目錄列表
['test']

>>> os.rmdir('test') ── 刪除 test 目錄
```

檔案的複製與遞迴檔案處理等操作將於「第 6 篇 執行檔案操作 - shutil」再做介紹，若能掌握一些與 os 模組可併用的功能，可使操作上更為便利。

存取各種系統資訊

os 模組提供存取 OS 系統資訊的功能。

系統資訊相關函數與常數

函數名稱	說明	回傳值	支援環境
confstr(name)	以字串回傳系統設定值	str	UNIX
confstr_names	定義可傳入 confstr() 的名稱字典	dict	UNIX
sysconf(name)	以整數值回傳系統設定值	int	UNIX
sysconf_names	定義可傳入 sysconf() 的名稱字典	dict	UNIX
cpu_count()	取得 CPU 數，若無法取得則回傳 None	int	UNIX
getloadavg()	回傳過去 1 分鐘、5 分鐘、15 分鐘的負載值 Tuple	(float, float, float)	UNIX

os.cpu_count() 與 multiprocessing.cpu_count() Column

os.cpu_count() 如同其字面意思就是回傳執行中的 cpu 個數，其他模組亦實作了相同函數 multiprocessing.cpu_count(), 差異在於無法取得 cpu 個數時的處理。

os.cpu_count() 會回傳 None, multiprocessing.cpu_count() 則發出 NotImplementedError 例外。因此若無法取得 CPU 個數時要使程式無法動作，則應較用後者並以例外處理 (Error Handling) 捕捉例外。

os.cpu_count() 於版本 3.4 時新增。

此外，os 模組有保存檔案路徑相關的常數，部分列表如下。

檔案路徑相關之常數

常數名稱	說明	回傳值	支援環境
curdir	表示當前目錄之字串	str	UNIX、Windows
pardir	表示上層目錄之字串	str	UNIX、Windows
sep	表示分隔路徑名稱之字串	str	UNIX、Windows
extsep	表示分隔檔案名稱與副檔名之字串	str	UNIX、Windows
linesep	表示行末端之字串	str	UNIX、Windows

第 6 篇將介紹的 os.path 與 pathlib 會介紹檔案路徑相關操作的模組，因此直接使用上述變數進行處理的情況不會很多。

建立隨機字串

os.urandom() 可利用 OS 提供的亂數功能建立隨機的字串，UNIX、Windows 皆可支援。

使用 os.urandom 建立隨機字串

```
>>> os.urandom(10) ― 建立 10bytes 的隨機字串
b'\xcd\xb6\xbd\xef=H?\xf28\t'
```

第 2 篇介紹過的 random 模組所產生的亂數是虛擬亂數，無法使用於安全性機制，若要考量該種用途，則建議使用 os.urandom() 或使用 os.urandom() 建立亂數的 random.SystemRandom 類別。

io

操作串流 (Stream) 物件

這裡介紹提供各種存取 I/O 串流物件的 io 模組，只要被稱作串流物件或 file-like 物件，就是指這些物件有可將字串或 Bytes 等物件作為檔案處理的功能。

這個模組所提供的類別如下。

- 使用與存取檔案相同之介面操作字串的 StringIO 類別
- 使用與存取檔案相同之介面操作字串的 BytesIO 類別

即便是利用 open() 函數所建立的檔案物件，資料操作之對象仍為串流物件。io 模組支援檔案物件的類別與其基礎類別，因此無形中很多情況其實都在使用該模組進行處理。

操作記憶體中的文字流

從 io.StringIO 類別建立的實體可如存取檔案一樣操作字串，其與檔案物件的差異在於資料是在記憶體中做處理。

StringIO 類別

格式	class StringIO([initial_value=''] [, newline='\n'])
説明	以操作檔案之方法處理字串
參數	• initial_value – 設定初始值字串 • newline – 設定換行文字

io.StringIO 類別的方法

函數名稱	說明	回傳值
read(size)	從串流目前的 Offset 回傳設定之大小的字串	str
write(s)	字串寫入串流	int
tell()	回傳目前 Offset 位置	int
seek(offset, whence=SEEK_SET)	移動檔案游標至新位置。可用 whence 設定 offset 的相對位置。whence 可設定的值如下。 • SEEK_SET – 從檔案開端起算 • SEEK_CUR – 從檔案當前位置起算 • SEEK_END – 從檔案尾端起算	int
getvalue()	維持串流並以字串回傳所有內容	str
close()	關閉串流。若關閉後執行串流操作則拋出例外錯誤訊息	None

StringIO 的使用方法

```
>>> import io
>>> stream = io.StringIO("this is test\n")   ← 可傳入初始值
>>> stream.read(10)   ← 從串流讀出指定之大小
'this is te'

>>> stream.tell()   ← 回傳目前 Offset
10

>>> stream.seek(0, io.SEEK_END)   ← 將 Offset 移至串流末端
13

>>> stream.write('test')   ← 將字串寫入串流
4

>>> print(stream.getvalue())   ← 維持串流並回傳所有內容
this is test
test

>>> stream.close()   ← 關閉串流
>>> stream.write('test')   ← 關閉串流後嘗試寫入，發出例外錯誤
Traceback (most recent call last):
  File "<stdin>", line 1, in <module>
ValueError: I/O operation on closed file
```

Python 2 的情況

Column

Python 2.x 的版本中存取串流的模組有 StringIO(Pure Python 實作) 與 cStringIO(c 語言實作), 若有處理速度的需求可使用 cStringIO, 若無此需求或無 cStringIO, 則實務上也可使用 StringIO。

Python 3.x 移除 StringIO 與 cStringIO, 並新增 io 模組取代。統一的 io 模組是以 c 語言為基礎實作，因此使用上不用特別區分實作之差異，io 模組已加入 Python 2.6 版本以後。

單元測試

下面借單元測試用法以作為 io 模組的應用範例。串流物件可以下列方式使用。

- 代替檔案物件
- 取得標準的輸出

下面範例為取得標準輸出並測試該值。

利用 StringIO 取得標準輸出之值

```
import io
from unittest.mock import patch

def print_hoge():
    print('hoge') ── print() 與 sys.stdout.write() 相同

@patch('sys.stdout', new_callable=io.StringIO) ── 以 StringIO 代入標準輸出
def test_print_hoge(mocked_object): ── mocked_object 為代入後的串流
    print_hoge()
    assert mocked_object.getvalue() == 'hoge\n'
     └─ 驗證寫入串流之內容

test_print_hoge()
```

由於表示標準輸出的檔案物件 sys.stdout 與類檔案物件 io.StringIO 持有幾乎相同之界面，因此兩者可以互相代入。

sys

直譯器相關資訊

這裡將介紹 Python 直譯器使用之變數與提供相關函數的 sys 模組。

取得命令列參數 - sys.argv

sys.argv 儲存 Python 直譯器執行時所傳遞之參數，sys.argv〔0〕即程式的檔案名稱。

hoge.py 檔案

```
import sys
print(sys.argv)
```

當傳入參數執行此檔案的結果如下。

hoge.py 執行結果

```
$ python hoge.py -a abc
['hoge.py', '-a', 'abc']
```

當然直接使用 sys.argv 在命令列操作參數的處理沒什麼問題，但如果是不想傳入參數或以不同順序傳入參數等情況，想如 UNIX 命令一樣的方式操作參數就很困難。

複雜的命令列參數操作會在「P5-14 頁 操作命令列選項、參數 - argparse」中介紹 argparse 模組，藉由該模組可以用很少的程式操作參數。

 控制函式庫導入路徑 - sys.path

sys.path 可搜尋載入目標之模組或套件，並將數個檔案路徑儲存於列表中。藉由在 sys.path 中加入檔案路徑，就可用 import 語法載入檔案路徑的 Python 套件或模組。

sys.path 可用下列元素初始化。

- 執行中 Python 程式的路徑或若是在命令提示視窗 (Command Prompt) 情況下則是空字串 (從啟動時的當前目錄搜尋)
- 環境變數 PYTHONPATH 所設定之路徑
- Python 的安裝目錄

如下範例，PYTHONPATH 設定 Python 程式放置之目錄，並以命令提示視窗啟動。

設定 PYTHONPATH 並以命令提示視窗啟動之範例

```
$ ls /home/my/scripts
myscript.py

$ PYTHONPATH=/home/my/scripts python
```

設定 PYTHONPATH 下，確認 sys.path 的值

```
>>> import sys
>>> import pprint
>>> pprint.pprint(sys.path)
['', ── 以命令提示窗啟動，空字串會預設為列表的第一個元素
 '/home/my/scripts', ── 環境變數設定的路徑
 '/usr/lib/python3.4', ── 之後則以 Python 安裝路徑開始設定
 '/usr/lib/python3.4/plat-x86_64-linux-gnu',
 '/usr/lib/python3.4/lib-dynload',
 '/usr/local/lib/python3.4/dist-packages',
 '/usr/lib/python3/dist-packages']

>>> import myscript ── 用 PATHONPATH 可載入設定目錄內的模組
```

模組會從列表起始路徑開始搜尋，最先搜尋到的就會被載入，因此製作之模組請避免與標準函式庫使用相同名稱。

執行時加入檔案路徑的方式如下。

執行時在 sys.path 加入路徑

```
>>> import sys
>>> sys.path.append('/home/my/scripts')
>>> import myscript
```

結束程式 - sys.exit()

當呼叫 sys.exit() 時便會結束 Python 程式，若是命令提示字元則會關閉視窗。

sys.exit()

格式	exit([arg])
説明	結束 Python
參數	• arg – 設定數值或任意物件

由於結束程式會發出 SystemExit 例外訊息，因此可捕捉該例外並執行中斷結束。

參數 arg 中可設定結束狀態，當參數傳遞數值以外之物件時，所傳遞之物件會被作為字串輸出至 sys.stderr 並回傳退出狀態為 1，而當省略參數時則回傳退出狀態 0。

設定 sys.exit() 並結束之範例

```
import sys
sys.exit('程式結束')
```

大部分 Shell 會將執行命令的退出狀態寫入變數 $? 中，讓我們試著透過 Shell 呼叫 exit.py 檔案。

sys.exit() 結束程式取得退出狀態

```
$ python exit.py
程式結束

$ echo $? ── 輸出程式結束狀態
1
```

程式中因為 sys.exit() 的參數傳入數值以外的值，因此退出狀態為 1。

若只單純要終止 Python 程式的執行，使用無參數的 sys.exit() 即可；若有多種原因須中指 Python 程式且須回傳狀態時，就可使用代表各種不同強況的參數傳入 sys.exit()。

操作主控台的輸出入 - sys.stdin、stdout、stderr

sys 模組中提供直譯器輸出入的物件，可操作標準輸出、標準錯誤輸出以及標準輸入。

下列三個物件都是檔案物件，其提供一般檔案相通的 write() 方法與 read() 方法，各自有寫入專用與讀取專用的特性。

輸出入物件的種類

物件	說明	種類
sys.stdin	標準輸入物件	讀取專用
sys.stdout	標準輸出物件	寫入專用
sys.stderr	標準錯誤輸出物件	寫入專用

下面為輸出入物件的使用範例。

輸出入物件的使用範例

```
>>> sys.stdout.write('standard output message\n')
standard output message ── 此為標準輸出字串
24 ── 此為 write() 方法回傳值
```

```
>>> sys.stderr.write('standard error message\n')
standard error message — 此為標準錯誤輸出字串
23 — 此為 write() 方法回傳值

>>> sys.stdin.write('standard input message?\n')
Traceback (most recent call last):
  └— 由於標準輸入物件為讀取專用，因此寫入失敗
  File "<stdin>", line 1, in <module>
io.UnsupportedOperation: not writable

>>> sys.stdin.read()
standard input message — 尾端輸入任意字串換行
'standard output message\n' — 若輸入 Ctrl + D(EOF), 回傳 read() 讀取之內容
```

argparse

操作命令列選項、參數

這裡介紹遵循 UNIX OS 慣例提供解析命令列選項的 argparse 模組，藉由 argparse 定義參數可自動建立命令列的 Help 顯示，即使是少量的程式使用者也可簡易的製作命令列工具。

與 argparse 模組類似功能的還有 getopt 模組與 optparse 模組。

getopt 模組是為熟悉 C 語言 getopt() 函數之使用者所設計的 API，若與 getopt 比較，argparse 模組能以較少程式執行命令列選項的解析。

由於 optparse 已經被廢止，因此不會用以開發，請使用 agparse。

操作命令列選項

下面以兩個取得命令列參數程式作為 argparse 模組使用方法的範例，第一個參數為字串，第二個參數為整數，並依設定之整數回傳字串顯示的簡單程式。

程式中使用 argparse 模組定義要使用的命令列選項、解析傳入之參數，然後簡單處理解析後的值。

建立解析器 (Parser) 與定義選項

```
import argparse

# 建立解析器之實體
parser = argparse.ArgumentParser(description='Example command')
# 定義接收字串的 -s 選項
parser.add_argument('-s', '--string', type=str, help='string to display',
required=True)
# 定義接收數值的 -n 選項
parser.add_argument('-n', '--num', type=int, help='number of times
repeatedly display the string', default=2)
```

```
# 解析參數, 將結果值存在變數
args = parser.parse_args()

# 依解析操作結果值
print(args.string * args.num)
```

上述程式中建立解析器並定義接收字串的參數 -s 與接收數值的參數 -n。接收之參數經過 parser.parse_args() 執行後，若無錯誤就會回傳結果，範例中將結果分別儲存到 --string 與 --num 中，可透過 args.string 與 args.num 存取內容值。

整體之行為可用解析初始化時的參數設定，ArgumentParser 可傳入的參數如下表。

參數名稱	說明	預設值
prog	設定程式名稱	sys.args[0]
usage	設定程式使用說明的字串	從傳入解析器的參數產生
description	設定參數 Help 資訊前顯示之字串	None
epilog	設定參數 Help 資訊後顯示之字串	None
parents	設定 ArgumentParser 物件之列表，此列表包含新增之物件參數	[]
formatter_class	設定用以客製化 Help 顯示格式的類別	argparse.HelpFormatter
prefix_chars	設定參數顯示時的起始字串，一般為 -o, 例如設定為 +, 則顯示會變成 +o	'-'
fromfile_prefix_chars	設定表示載入檔案時的起始字串，例如設定為 @, 則使用 @file.txt 設定檔案	None
argument_default	設定解析器之參數預設值	None
conflict_handler	設定選項被指定一種以上之動作時的處理，預設為發出錯誤	'error'
add_help	設定是否開啟 -h 選項	True

接著將程式「建立解析器 (Parser) 與定義選項」儲存為 repeat.py 並在 Shell 執行，以確認各種設定。

參數不足之情況

```
無傳入參數並執行
由於 -s 為必要選項，因此出現執行錯誤
$ python repeat.py
usage: repeat.py [-h] -s STRING [-n NUM]
repeat.py: error: the following arguments are required: -s/--string
```

結果因為 -s 為必要選項而出現錯誤，這是因為 parser.add_argument() 中定義參數時，將 -s 設定為必要 (required=True)。

有設定 -h 之情況

```
執行時輸入 -h
範例程式無明確之定義，仍可顯示 Help 資訊
$ python repeat.py -h
usage: repeat.py [-h] -s STRING [-n NUM]

Example command

optional arguments:
  -h, --help            show this help message and exit
  -s STRING, --string STRING
                        string to display
  -n NUM, --num NUM     number of times repeatedly display the string
```

執行有設定 -h 之程式，會顯示詳細的指令使用方法。

範例程式中並沒有定義參數 -h，但 ArgumentParser 中的預設動作有設定該參數，因此會自動從參數定義的資訊建立 -h 參數。

傳入必要參數之情況

```
傳入範例程式中定義之 -s 與 -n
經正常解析並可操作結果值
$ python repeat.py -s hoge -n 10
hogehogehogehogehogehogehogehogehogehoge
```

程式正常解析成功，程式末端用以除錯的 print 也執行結束，僅用最少的程式説明 argparse 的命令列選項處理，但卻已經十分實用。

除範例所介紹的內容外，add_argument() 中還提供多種可方便操作命令列選項的功能，下面列出 add_argument() 可設定的參數。

ArgumentParser.add_argument() 參數

參數名稱	說明	預設值
name of flags	設定選項名稱或選項字串的列表	無
action	設定值傳入參數時的操作，預設為儲存該參數的 'store'	'store'
default	設定無傳入參數值時的預設值	None
type	設定參數值轉換之型態	'str'
choices	設定參數值可用之容器 (list、dict 等)	None
required	設定參數是否為必須	False
help	設定參數說明字串	None

正確來說 add_argument() 中並無作為函數定義的參數預設值，因此在沒有傳入值的情況下，處理時就會以預設值代入處理。

實際的 add_argument() 函數定義

```
def add_argument(self, *args, **kwargs):
```

將全部視為可變長度參數進行操作

每個參數可傳入的值，除上面的說明外，還可參考官方說明文件。

6

檔案與目錄的存取

若你眼前有大量未整理的檔案或目錄，可以放心交由 Python 處理。本篇將從檔案路徑操作開始，然後介紹可找出目標檔案並進行整理的各種標準函式庫。讓各位可以跟手動處理相同作業或撰寫複雜 Shell 程式的工作說掰掰。

os.path

操作檔案路徑

這裡將說明操作檔案路徑的 os.path 模組，該模組提供下列功能。

- 檔案路徑操作。
- 取得指定檔案路徑之資訊。

請留意，並無提供下列功能：

- 檔案寫入。
- 存取檔案狀態（檔案、目錄之建立與刪除等）。

與 os.path 有同樣檔案路徑操作功能的還有「P6-5 頁 直觀執行檔案路徑操作 - pathlib」中介紹的模組，該模組以物件導向的方式提供標準函式庫。

os.path 模組的代表函數

函數名稱	說明	回傳值
abspath(path)	回傳檔案路徑 path 的絕對路徑	str/bytes
basename(path)	回傳檔案路徑 path 末端的檔案名稱	str/bytes
dirname(path)	回傳檔案路徑 path 去除檔名的目錄字串	str/bytes
exists(path)	驗證檔案路徑 path, 存在時回傳 True, 不存在時回傳 False	bool
join(path, *paths)	將傳入的多個檔案路徑合併	str/bytes
split(path)	將檔案路徑目錄部分（同 dirname()）與檔案名稱部分（同 basename) 分解至 2 元素的 Tuple 並回傳	tuple

os.path 模組可接受字串或位元組型態的 path 參數，回傳值之型態則依對應型態回傳。

os.path 使用範例

```
>>> import os.path
>>> os.path.abspath('.')
'/home/testuser'

>>> os.path.join('hoge', 'fuga', 'piyo')
'hoge/fuga/piyo'

>>> path = _
>>> os.path.basename(path)
'piyo'

>>> os.path.dirname(path.encode()) ── 傳入位元組則回傳位元組
b'hoge/fuga'

>>> os.path.exists(path)
False

>>> os.path.join('hoge', 'fuga', b'piyo') ── 無法同時傳入字串與位元組
Traceback (most recent call last):
  File "<stdin>", line 1, in <module>
  File "/usr/lib/python3.4/posixpath.py", line 92, in join
    "components.") from None
TypeError: Can't mix strings and bytes in path components.

>>> os.path.split(path)
('hoge/fuga', 'piyo')
```

上面程式中，用以區分檔案路徑的字串，於 UNIX 環境中是使用斜槓，相同程式也可在 Winodws 環境中執行，因為該環境也是以斜槓作為區分符號。

撰寫可移植的程式 Column

檔案路徑的構成元素中，區分目錄的字串會因作業系統而有所不同。例如 Windows 可接受貨幣符號或斜槓，而 UNIX 的 OS 可接受斜槓。

下面程式依據設定的檔案路徑讀取檔案，該程式在 Windows 中可執行，但在 UNIX 的 OS 中卻無法執行，也就是不是可移植之程式。

無移植性的程式

```
path = ".\\hoge\\hoge"
f = open(path, 'r')
```

使用 os.path 模組就可將路徑字串轉換成 Windows 與 UNIX 的 OS 都可使用的寫法，如下所示。

有移植性的程式

```
path = os.path.join(".", "hoge", "hoge")
f = open(path, 'r')
    └UNIX的OS=>"./hoge/hoge"、Windows => ".\\hoge\\hoge"
```

除檔案路徑外，尚有一些利用相依平台功能的程式亦會破壞移植性，因此在撰寫會於多個平台執行的程式時，一定要注意該功能的平台相依性。

pathlib

檔案路徑操作

這裡介紹提供檔案路徑操作及以直觀的物件介面方式操作檔案的 pathlib。

pathlib 模組所提供的類別包含不具有 I/O 功能的「純路徑 (pure path)」及具有 I/O 功能的「具體路徑 (concrete path)」兩種分類。

類別構成

pathlib 模組提供的類別如下表。

類別名稱	說明	基礎類別
pathlib.PurePath	純路徑類別的基礎類別	無
pathlib.PurePosixPath	非 Windows 的基礎路徑類別	PurePath
pathlib.PureWindowsPath	Windows 的基礎路徑類別	PurePath
pathlib.Path	具體路徑類別的基礎類別	PurePath
pathlib.PosixPath	非 Windows 的具體路徑類別	PurePosixPath, Path
pathlib.WindowsPath	Winodws 的具體路徑類別	PureWindowsPath, Path

由於 PurePath、Path 若實體化，會依據平台回傳適當的子類別，因此大部分都不需直接明確指定子類別。

UNIX 的情況

```
>>> from pathlib import Path
>>> Path('.') ── 基礎類別實體化
PosixPath('.') ── 利用模組辨識平台並回傳 PosixPath 的實體
```

若不知道要使用哪個類別比較好，大部分的情況下都可使用 Path，由於 Path 為 PurePath 的子類別，因此不論是純路徑類別還是具體路徑類別的功能皆可使用。

使用運算子結合路徑

PurePath、Path 以及其子類別，可利用運算子結合路徑。

使用運算子結合路徑

```
>>> from pathlib import PurePath
>>> p = PurePath('/hoge/fuga/')
>>> p / 'piyo'
PurePosixPath('/hoge/fuga/piyo')
```

操作 PurePath

PurePath 是純路徑基礎類別，實體化後 Windows 環境對應 PureWindowsPath 類別物件，至於非 Windows 的環境則對應 PurePosixPath 類別物件。由於純路徑的功能無法去存取檔案系統，因此可操作 OS 中不存在的檔案路徑。

PurePath 類別的屬性

屬性名稱	說明	回傳值
PurePath.drive	WindowsPath 的情況為磁碟機 (Drive) 代號，PosixPath 則為空字串	str
PurePath.root	回傳 root 字串	str
PurePath.anchor	回傳磁碟機代號與 root 合併之字串	str
PurePath.parents	列舉所有父路徑之序列	路徑物件為元素的列表
PurePath.parent	提供路徑其父路徑的物件	路徑物件
PurePath.name	回傳路徑元素末端顯示之字串	str
PurePath.suffix	若路徑元素末端存在副檔名，則將其回傳	str
PurePath.suffixes	回傳路徑元素末端副檔名列表	list
PurePath.stem	去除路徑元素末端副檔名字串後回傳	str

PurePath 類別的方法

函數名稱	說明	回傳值
PurePath.is_absolute()	路徑為絕對路徑時回傳 True	bool
PurePath.joinpath(*other)	將設定於 other 參數中的全部路徑結合	路徑物件
PurePath.match(pattern)	若符合 glob 型態的參數 pattern 則回傳 True	bool

PurePath 類別的範例程式

```
>>> from pathlib import PurePath
>>> p = PurePath('/hoge/fuga/piyo.txt')
>>> p.drive
''

>>> p.root
'/'

>>> p.anchor
'/'

>>> list(p.parents)
[PurePosixPath('/hoge/fuga'), PurePosixPath('/hoge'), PurePosixPath('/')]

>>> p.parent
PurePosixPath('/hoge/fuga')

>>> p.name
'piyo.txt'

>>> p.suffix
'.txt'

>>> p.stem
'piyo'

>>> p.is_absolute()
True

>>> p.joinpath('foo', 'bar', 'baz')
```

```
PurePosixPath('/hoge/fuga/piyo.txt/foo/bar/baz')

>>> p.match('piyo.*')
True
```

操作具體路徑

Path 為具體路徑的基礎類別，實體化後 Windows 環境對應 WindowsPath 類別物件，至於非 Windows 的環境則對應 PosixPath 類別物件。由於具體路徑的功能可存取檔案系統，因此基本上 OS 中必須存在該操作的檔案路徑。

Path 類別的方法

函數名稱	説明	回傳值
Path.cwd()	回傳表示當前目錄的路徑物件。此為類別方法	路徑物件
Path.chmod(mode)	變更路徑權限	None
Path.exists()	若路徑存在則回傳 True	bool
Path.glob(pattern)	產生路徑下符合 pattern 樣式的所有檔案物件並回傳	產生器
Path.is_dir()	若 Path 指向為目錄則回傳 True	bool
Path.is_file()	若 Path 指向為檔案則回傳 True	bool
Path.iterdir()	產生路徑下存在之檔案與目錄物件並回傳	產生器
Path.mkdir(mode=0o777, parents=False)	於 Path 建立新的目錄	None
Path.rename(target)	重新命名路徑，參數 target 可傳入字串或其他路徑物件	None
Path.resolve()	建立絕對路徑，解析 symlinks	路徑物件
Path.rmdir()	刪除路徑指向之目錄	None

使用 Path 類別之範例

```
>>> from pathlib import Path
>>> p = Path.cwd() / 'newfile.txt'
>>> p.exists()
```

```
False

>>> f = p.open('w+')
>>> p.exists()
True

>>> p.resolve()
PosixPath('/home/testuser/newfile.txt')
```

要搜尋路徑指向目錄內的檔案或目錄時可使用 Path.glob() 或 Path.iteridr()。

目錄結構之範例

```
./a.py
./b.py
./datas
./datas/c.txt
./datas/d.txt
./readme.txt
```

下面範例說明如何搜尋上面之目錄結構。

目錄內搜尋

```
>>> from pathlib import Path
>>> p = Path('.') ── 掃描目錄內的檔案與目錄
>>> p.iterdir()
<generator object iterdir at 0xb715e784>

>>> sorted(p.iterdir())
[PosixPath('a.py'), PosixPath('b.py'), PosixPath('datas'),
PosixPath('readme.txt')]

>>> p.glob('**/*.txt')
  └── 針對目錄下有 .txt 副檔名的檔案進行搜尋
<generator object glob at 0xb716bf54>

>>> sorted(p.glob('**/*.txt'))
[PosixPath('datas/c.txt'), PosixPath('datas/d.txt'),
PosixPath('readme.txt')]
```

因為回傳值為符合之檔案與目錄的產生器，所以必須利用 for…in p.iteridr(): 做處理。

Path.glob() 用 **/ 作為起始樣式的話，表示會針對該目錄下所有子目錄做遞迴的搜尋。搜尋之目錄下可能包含大量檔案或目錄，因此須注意可能會花去較長的時間。

暫定套件(Provisional Package)的操作　Column

pathlib 模組已被加入 Python3.4 的標準函式庫，此模組目前設定為暫定套件(Provisional Package)，表示該模組或 API 無推薦期間，其有被修改或刪除的可能性。

Python 3.4 內兩個暫定套件如下。

- asyncio
- pathlib

除此之外，模組內的 API 也有幾個被設定為暫定狀態，若系統有使用到暫定套件，再升級 Python 版本時，請先確認該 API 是否已被變更或廢止。

tempfile

建立臨時檔案或目錄

這裡介紹建立臨時檔案或目錄的 tempfile 模組，該模組提供設定建立者存取權限、避免建立時的衝突等安全方法的實作。

下表介紹類別中相關之函數，各個函數會建立並回傳適當類別之實體，因此實體型態與各函數名稱會有差異。

tempfile 模組提供之函數

函數名稱	說明
TemporaryFile()	建立無檔名的臨時檔案
NamedTemporaryFile()	建立有檔名的臨時檔案
SpooledTemporaryFile()	建立檔案資料未超過一定限度前，於記憶體操作之檔案，超過時則寫入至硬碟建立臨時檔案
TemporaryDirectory()	建立臨時目錄

下列三個操作臨時檔案的函數，依照臨時檔案資料寫入之目標與是否給予名稱之特性列表如下。

操作臨時檔案的三個函數特徵

函數名稱	資料寫入目標	檔案名稱
TemporaryFile()	硬碟	無
NamedTemporaryFile()	硬碟	有
SpooledTemporaryFile()	記憶體 → 硬碟	無

TemporaryFile() 建立的臨時檔案不保證可建立為檔案系統上的具名檔案，而因為資料是寫到硬碟上，在有大量資料的情況下不會對記憶體造成負擔。

NamedTemporaryFile() 會在檔案系統上建立具名檔案，可用其他程式確認該檔案存在與否，也可參考檔案之內容，其他操作則與 TemporaryFile() 相同。

SpooledTemporaryFile() 資料基本上都在記憶體中操作，參數可設定記憶體大小，當超過限制時則可改至硬碟中操作，可防止記憶體使用量超過太多。寫至硬碟後，其操作與 TemporaryFile() 相同。

建立臨時檔案

下面說明建立臨時檔案的標準函數 TemporaryFile()。

TemporaryFile() 函數

格式	TemporaryFile(mode='w+b', buffering=None, encoding=None, newline=None, suffix='', prefix='tmp', dir=None)
說明	建立臨時檔案
參數	• mode – 設定臨時檔案開啟狀態 • buffering – 與內建函數 open() 內的同名參數相同之處理 • encoding – 與內建函數 open() 內的同名參數相同之處理 • newline – 與內建函數 open() 內的同名參數相同之處理 • suffix – 將設定之字串附加至臨時檔案名稱之末端 • prefix – 將設定之字串附加至臨時檔案名稱之前端 • dir – 設定臨時檔案建立之目錄

TemporaryFile 有環境管理員 (Context Manager) 的功能，若移出 with 區塊，則會自動呼叫 .close(), 這樣在關閉臨時檔案時會一併進行刪除。

臨時檔案的使用範例

```
>>> import tempfile
>>> with tempfile.TemporaryFile() as tmp:
...     tmp.write(b'test test test\n')
...     tmp.seek(0)
...     tmp.read()
...
15 ── tmp.write() 回傳值
0 ── tmp.seek() 回傳值
b'test test test\n' ── tmp.read() 回傳值

>>> tmp.write(b'write again\n') ── 因為在檔案關閉之後，因此寫入失敗
Traceback (most recent call last):
  File "<stdin>", line 1, in <module>
ValueError: write to closed file
```

若沒有使用環境管理員以明確指令刪除檔案，亦可用臨時檔案物件呼叫 .close()，如下範例。

明確指令刪除臨時檔案

```
tmp = tempfile.TemporaryFile()
tmp.close()
```

此外，TemporaryFile() 所建立之臨時檔案，不保證可在檔案系統中建立具名檔案。若是 UNIX 的環境中，則是無法在檔案系統中找到該臨時檔案。要建立能在檔案系統上進行確認的臨時檔案，應該改用 NamedTemporaryFile()。

建立具名臨時檔案

```
>>> import tempfile, os
>>> tmp = tempfile.NamedTemporaryFile()
>>> tmp.name
'/tmp/tmpqiys1tqx'

>>> os.path.exists(tmp.name)
True
```

使用 NamedTemporaryFile() 建立之臨時檔案的 name 屬性中保存了建立時臨時的路徑，可以利用 os.path.exists() 確認檔案是否存在。

相對的，TemporaryFile() 以及 SpooledTemporaryFile() 所建立之臨時檔案並無記錄檔案路徑的屬性，因此無法在檔案系統中確認檔案是否存在。

建立臨時目錄

TemporaryDirectory() 函數可用以建立臨時目錄。

TemporaryDirectory() 函數

格式	TemporaryDirectory(suffix='', prefix='tmp', dir=None)
說明	建立臨時目錄
參數	• suffix – 將設定之字串附加至臨時檔案名稱之末端 • prefix – 將設定之字串附加至臨時檔案名稱之前端 • dir – 設定要建立臨時目錄之父目錄

TemporaryDirectory 亦與 TemporaryFile 相同有環境管理員的功能，離開區塊時也會同時將目錄刪除，as 語法那邊代入宣告變數的是表示建立目錄的檔案路徑。

臨時目錄的使用範例

```
with tempfile.TemporaryDirectory() as dir_path:
    with tempfile.TemporaryFile(dir=dir_path) as tmp:
        ... ─ 使用臨時檔案執行相關之處理
```

若不想使用環境管理員的功能，而想明確指定刪除目錄，可從臨時目錄物件中呼叫 .cleanup() 方法。

明確指定臨時目錄之刪除

```
tmpdir = tempfile.TemporaryDirectory()
tmpdir.cleanup()
```

fnmatch、glob

尋找檔名、文件路徑

本章節介紹提供檔案名稱匹配的 fnmatch 模組與尋找特定規則的文件路徑的 glob 模組。

fnmatch 模組以 UNIX Shell 規則提供檔案名稱匹配功能，而 glob 模組內可使用 fnmatch。fnmatch 與 glob 即使在 Windows 使用，其用以匹配之樣式仍是採用 UNIX Shell 規則。

比對檔案名稱

fnmatch 模組提供以 UNIX Shell 型態之樣式比對檔案名稱。

fnmatch 模組的方法

函數名稱	說明	回傳值
fnmatch(filename, pattern)	驗證 filename 是否與 pattern 相符，若相符則回傳 True，反之則回傳 False。若作業系統無區分大小寫，依系統環境決定	bool
fnmatchcase(filename, pattern)	以區分大小寫的方式驗證是否與 pattern 相符	bool
filter(names, pattern)	從檔案名稱列表中回傳符合樣式之元素	list
translate(pattern)	將 pattern 轉成正規運算式後回傳	str

若要重複比對相同的樣式，可以先建立列表後套用 filter() 或將 translate() 之結果丟進 re 模組編譯執行，會是較有效率的處理方法。呼叫 fnmatch() 時，其內部會將 Shell 型態的樣式字串轉換成正規運算式後進行比對。

fnmatch 模組的程式範例

```
>>> import fnmatch, re
>>> pattern = 'hoge??.py' ── ?? 表示任意兩個文字
>>> fnmatch.fnmatch('Hoge01.py', pattern) ── 數字可匹配 ??
True

>>> fnmatch.fnmatchcase('Hoge01.py', pattern) ── 有區分大小寫，因此不匹配
False

>>> fnmatch.filter(['hoge.py', 'hoge00.py', 'hoge01.py', 'fuga01.py'],
pattern)
['hoge00.py', 'hoge01.py']

>>> fnmatch.translate(pattern) ── 正規表示的樣式轉換
'hoge..\\.py\\Z(?ms)'

>>> re_pattern = re.compile(_) ── 編譯樣式後再利用的範例
>>> re_pattern.match('hogege.py')
<_sre.SRE_Match object; span=(0, 9), match='hogege.py'>
```

尋找特定規則的文件路徑

glob 模組以 UNIX Shell 型態之樣式找出所有符合樣式的檔案與目錄之路徑。

glob 模組的方法

函數名稱	說明	回傳值
glob(pathname)	回傳符合傳入 pathname 樣式的檔案與目錄列表	list
iglob(pathname)	回傳產生器，產生之結果與 glob() 相同	產生器
escape(pathname)	忽略 ?、[、* 等特殊文字	str

若想循序存取羅列之元素可使用回傳產生器的 iglob，若不想以循序方式存取則使用 glob() 較好。

傳入之檔案路徑若包含？、＊等特殊符號，則無法直接處理展開，字串需先經 escape() 方法處理，此方法不會展開路徑，而是將傳入之參數作為路徑名稱處理。

glob 模組的程式範例

```
>>> import glob
>>> glob.glob('filesystem/*.rst')
['filesystem/tempfile.rst', 'filesystem/fnmatch-glob.rst', 'filesystem/
os-path.rst', 'filesystem/pathlib.rst', 'filesystem/index.rst']

>>> glob.iglob('filesystem/*.rst')
<generator object iglob at 0x7f3cef2c5dc8>

>>> glob.escape('example?.txt')
'example[?].txt'
```

6

shutil

進階檔案操作

這裡要介紹可針對目錄、檔案或封存檔案進行進階操作功能的 shutil 模組。

檔案複製

shutil 提供檔案複製與檔案屬性複製等方法。

檔案複製相關函數

函數名稱	說明	回傳值
copymode(src, dst, *,follow_symlinks=True)	將 src 檔案的存取權限複製到 dst 檔案	None
copystat(src, dst, *,follow_symlinks=True)	將 src 檔案權限、最近一次存取時間、最近一次修改時間等其他檔案資訊複製到 dst 檔案	None
copy(src, dst, *,follow_symlinks=True)	將 src 檔案複製到檔案或目錄 dst	str
copy2(src, dst, *,follow_symlinks=True)	與 copy() 功能類似，但複製內容包含後設資料 (metadata)	str

其中的 copy() 是複製檔案資料與權限，但並不包含檔案建立時間與修改時間等後設資料，若要包含這些資訊請使用 copy2()。

遞迴操作目錄與檔案

使用 shutil 可針對設定之目錄遞迴執行複製、移動等操作，這些功能使用了前面所介紹 os 模組的檔案操作功能與 shutil 模組自身的檔案複製相關功能。

遞迴操作的相關函數

函數名稱	説明	回傳值
ignore_patterns(*patterns)	patterns 可設定多個 glob 型態之字串	呼叫可能之物件
rmtree(path, ignore_errors=False ,onerror=None)	刪除指定之目錄	None
move(src, dst)	移動指定之目錄	str

複製特定目錄下之資料

使用 copytree() 可複製特定目錄下的整顆目錄樹。

copytree() 函數

格式	copytree(src, dst, symlinks=False, ignore=None , copy_function=copy2, ignore_dangling_symlinks=False)
説明	將特定目錄下之結構複製到別的地方
參數	• src – 設定欲複製之目錄路徑 • dst – 設定複製之目的路徑，若已經存在則發出例外 • symlinks – 若設定為 True, 則會於複製結果保留原有之符號連結；若為 False, 則會將連結之檔案一併複製 • ignore – 設定用以決定忽略檔案之可呼叫物件 • copy_function – 設定用以複製之可呼叫物件 • ignore_dangling_symlinks – 當參數 symlink 為 False, 則若連結目標不存在會發出錯誤
回傳值	已複製之目錄名稱

下面範例使用 ignore_patterns() 將特定檔案從複製對象中移除。

複製指定目錄範例

```
>>> import shutil
>>> ignore = shutil.ignore_patterns('*.pyc', '*.swp')
    └── 排除副檔名為 .pyc 與 .swp 的檔案
>>> ignore ── ignar(path,names) 為可呼叫之物件
<function ignore_patterns.<locals>._ignore_patterns at 0x7f110082cb70>
```

```
>>> shutil.copytree('./from', './to', ignore=ignore)
  └── 將 from 目錄新建立至 to 目錄
Traceback (most recent call last):
  └── 發出例外，但複製有錯誤之外的檔案
  File "<stdin>", line 1, in <module>
  File "/home/ubuntu/.virtualenvs/pylib/lib/python3.4/shutil.py",
line 342, in copytree
    raise Error(errors)
shutil.Error: [('from/a.txt', 'to/a.txt', "[Errno 13] Permission denied:
'from/a.txt'")] ── 回傳複製過程中所有發生之錯誤列表
```

使用 glob 型態之設定若有不足之情況，或欲使用複製對象檔名執行任意之操作等情況時，可以使用自己定義之函數並傳入 ignore 參數，官方文件中有提供可記錄複製對象目錄名稱之範例供參考。

壓縮與解壓縮

shutil 模組提供壓縮檔案的建立與展開功能，如下。

make_archive() 函數

格式	make_archive(base_name, format[, root_dir[, base_dir[, verbose[, dry_run[, owner[, group[, logger]]]]]]])
説明	製作壓縮檔案
參數	• base_name – 設定建立的壓縮檔案名稱 • format – 設定壓縮格式 • root_dir – 設定壓縮的根目錄，預設為當前目錄 • base_dir – 設定開始壓縮之目錄，預設為當前目錄 • verbose – 目前無法使用 • dry_run – 不執行壓縮，只輸出 log • owner – 設定製作壓縮檔案之所有者 • group – 設定製作壓縮檔案之群組 • logger – 設定輸出紀錄的 logger 實體
回傳值	建立的壓縮檔案名稱

unpack_archive() 函數

格式	unpack_archive(filename[, extract_dir[, format]])
說明	展開壓縮檔案
參數	• filename – 設定欲展開之壓縮檔案路徑 • extract_dir – 設定展開後目錄 • format – 設定展開之壓縮格式

下面範例從目錄結構解釋如何壓縮 example 目錄內的項目。

壓縮對象的目錄結構

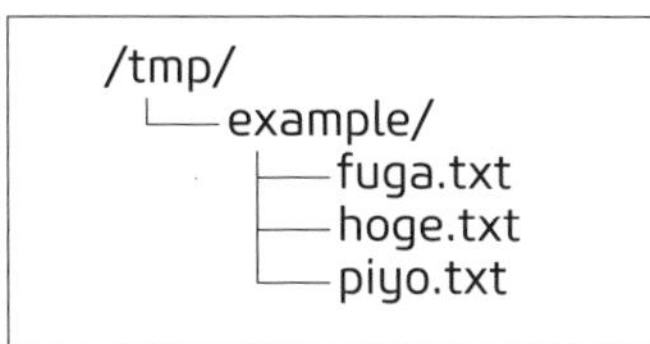

壓縮、解壓縮的範例

```
>>> shutil.make_archive(base_name='example', format='gztar', root_dir=
'/tmp', base_dir='example')
'/tmp/example.tar.gz'

>>> shutil.unpack_archive(filename='example.tar.gz', extract_dir='/home/
testuser')
```

上面程式中，make_archieve() 的結果會建立 /tmp/example.tar.gz, unpack_archive() 的結果則會在 /home/testuser/example 目錄下產出 3 個文字檔。

follow_symlinks 無效的動作改變 Column

檔案操作相關函數大多有定義 follow_symlinks 參數，預設值為 True, 若處理的目標有符號連結時會處理連結之實體。當參數傳入 False 時，則依函數會有不同的動作，這點請一定要注意。

下面用 copyfile() 作為範例，首先是使用預設值的動作。

執行前的初始檔案結構

```
% ls -l
total 8
-rw-rw-r-- 1 ubuntu ubuntu 131  6 月  5 06:25 _a.txt
lrwxrwxrwx 1 ubuntu ubuntu   6  6 月  5 06:29 a.txt -> _a.txt
```

如上圖，a.txt 存在一連結至 _a.txt 的符號連結，針對 a.txt 執行 copyfile() 的程式如下。

沒有設定參數 follow_symlinks

```
>>> shutil.copyfile('a.txt', 'b.txt')
'b.txt'
```

在此情況中，copyfile 會將 a.txt 的連結目標 _a.txt 之內容建立成 b.txt, 下面為執行結果。複製後可看到建立了一個與 _a.txt 相同大小的 b.txt。

執行結果

```
% ls -l
total 8
-rw-rw-r-- 1 ubuntu ubuntu 131  6 月  5 06:25 _a.txt
lrwxrwxrwx 1 ubuntu ubuntu   6  6 月  5 06:29 a.txt -> _a.txt
-rw-rw-r-- 1 ubuntu ubuntu 131  6 月  5 06:31 b.txt
```

接著將初始檔案結構的參數 follow_symlinks 設定為 False, 為了防止參數 follow_symlinks 搞錯而誤傳入錯誤的值，因此定義一定要傳入具名之參數。

參數 follow_symlinks 設定為 False

```
>>> shutil.copyfile('a.txt', 'b.txt', follow_symlinks=False)
'b.txt'
```

上面範例中，會讓建立的 b.txt 與 a.txt 指向相同的連結目標，下圖是執行結果，與最初的範例差異在於，複製後的 b.txt 與 a.txt 有相同的符號連結。

執行結果

```
% ls -l
total 4.0K
-rw-rw-r-- 1 ubuntu ubuntu 131  6 月  5 06:25 _a.txt
lrwxrwxrwx 1 ubuntu ubuntu   6  6 月  5 06:29 a.txt -> _a.txt
lrwxrwxrwx 1 ubuntu ubuntu   6  6 月  5 06:29 b.txt -> _a.txt
```

7

資料壓縮

Python 提供各種對應標準的資料壓縮與解壓縮演算法，亦提供ZIP、tar等壓縮檔案的操作功能。

zlib

使用 zlib 壓縮檔案

這裡介紹可執行資料壓縮與解壓縮的 zlib 模組，zlib 函式庫中亦提供 gzip 檔案等所需的壓縮演算法，但針對 gzip 檔案的壓縮、解壓縮請使用 gzip 模組（請參考「P7-4 頁 操作 gzip 壓縮檔案 - gzip」）。

zlib 模組的方法

函數名稱	說明	回傳值
compress(data[, level])	回傳指定資料 (bytes 型態) 的壓縮結果。level 可設定 0 到 9, 9 壓縮率最高但處理時間最久	bytes
decompress(data[, wbits [, bufsize]])	回傳指定資料 (bytes 型態) 的解壓縮結果	bytes

下面是利用 zlib 模組執行壓縮、解壓縮的範例，當壓縮的資料不大時，壓縮後的資料反而會變大。

zlib 模組的範例程式

```
>>> import zlib
>>> text = ' 中文 '
>>> b = text.encode('utf-8')
>>> compressed_data = zlib.compress(b)
>>> len(b)
12

>>> len(compressed_data)
21

>>> long_text = b'A' * 10000 — 壓縮很長的資料
>>> compressed_data = zlib.compress(long_text)
>>> len(long_text), len(compressed_data)
(10000, 34)
```

```
>>> decompressed_data = zlib.decompress(compressed_data)
>>> len(decompressed_data)
10000

>>> long_text == decompressed_data — 還原壓縮資料並確認
True
```

gzip

使用 gzip 壓縮檔案

這裡說明執行 gzip 格式檔案壓縮、解壓縮的 gzip 模組，透過該模組就可用 Python 程式操作 gzip 檔案，而不用使用 gzip、gunzip 等指令。

gzip 模組的方法

函數名稱	說明	回傳值
open(filename, mode='rb', compresslevel=9, encoding=None, errors=None, newline=None)	開啟 gzip 壓縮檔，回傳檔案物件。compresslevel 可設定 0 到 9, 9 的壓縮率最高但處理時間最久	gzip.GzipFile
compress(data, compresslevel=9)	將指定資料執行 gzip 壓縮，資料須為 bytes 型態	bytes
decompress(data)	將指定的 gzip 資料解壓縮	bytes

下面範例使用 gzip 模組，執行 gzip 檔案建立與字串壓縮。若執行 f.write() 則會回傳寫入字串之長度，但與資料壓縮無任何關係。

gzip 模組的範例程式

```
>>> import gzip
>>> with gzip.open('sample.gz', 'wt') as f:
...     f.write(' 將中文字串以 gzip 進行壓縮 ')
...
14

>>> with gzip.open('sample.gz', 'rt') as f:
...     content = f.read()
....

>>> content
' 將中文字串以 gzip 進行壓縮 '

>>> text = ' 中文字串 '
```

建立壓縮檔

```
>>> b = text.encode('utf-8')
>>> gzipped_data = gzip.compress(b)
>>> len(b) ── 若字串很短，即使壓縮也無效果
12

>>> len(gzipped_data)
33

>>> long_text = b'A' * 10000 ── 壓縮很長的字串
>>> gzipped_data = gzip.compress(long_text)
>>> len(long_text), len(gzipped_data)
(100000, 133)

>>> gunzipped_data = gzip.decompress(gzipped_data)
>>> len(gunzipped_data)
100000

>>> long_text == gunzipped_data ── 解壓縮並確認
True
```

bz2

使用 bzip 壓縮檔案

本章節說明執行 bzip2 格式檔案壓縮、解壓縮的 bz2 模組，透過該模組就可用 Python 程式操作 bzip2 檔案，而不用使用 bzip2 等指令。

其使用方法基本上與前面介紹的 gzip 模組相同。

bz2 模組的方法

函數名稱	說明	回傳值
open(filename, mode='r', compresslevel=9, encoding=None, errors=None, newline=None)	開啟 bzip2 壓縮檔，回傳檔案物件。compresslevel 可設定 0 到 9，9 的壓縮率最高但處理時間最久	bz2.BZ2File
compress(data, compresslevel=9)	將指定資料執行 bzip2 壓縮，資料須為 bytes 型態	bytes
decompress(data)	將指定的 bzip2 資料解壓縮	bytes

下面範例使用 bzip2 模組，執行 bzip2 檔案建立與字串壓縮。若執行 f.write() 則會回傳寫入字串之長度，但與資料壓縮無任何關係。

bzip2 模組的範例程式

```
>>> import bz2
>>> with bz2.open('sample.bz2', 'wt') as f:
...     f.write(' 將中文字串以 bz2 進行壓縮 ')
...
13

>>> with bz2.open('sample.bz2', 'rt') as f:
...     content = f.read()
....
>>> content
' 將中文字串以 bz2 進行壓縮 '

>>> text = ' 中文字串 '
```

```
>>> b = text.encode('utf-8')
>>> bz2_data = bz2.compress(b)
>>> len(b) ─ 若字串很短，即使壓縮也無效果
12

>>> len(bz2_data)
53

>>> long_text = b'A' * 10000 ─ 壓縮很長的字串
>>> bz2_data = bz2.compress(long_text)
>>> len(long_text), len(bz2_data)
(100000, 47)

>>> bz2_decompress_data = bz2.decompress(bz2_data)
>>> len(bz2_decompress_data)
100000

>>> long_text == bz2_decompress_data ─ 解壓縮並確認
True
```

lzma

使用 lzma 壓縮檔案

本章節說明執行 lzma 格式 (xz 檔案) 檔案壓縮、解壓縮的 lzma 模組，透過該模組就可用 Python 程式操作 gzip 檔案，而不用使用 lzma 等指令。

其使用方法基本上與前面介紹的 gzip 模組相同。

lzma 模組的方法

函數名稱	說明	回傳值
open(filename, mode="rb" ,*, format=None, check=-1, preset=None, filters=None, encoding=None, errors=None, newline=None)	開啟 lzma 壓縮檔，回傳檔案物件。	lzma.LZMAFile
compress(data)	將指定資料執行 lzma 壓縮，資料須為 bytes 型態	bytes
decompress(data)	將指定的 lzma 資料解壓縮	bytes

下面範例使用 lzma 模組，執行 lzma 檔案建立與字串壓縮。若執行 f.write() 則會回傳寫入字串之長度，但與資料壓縮無任何關係。

lzma 模組的範例程式

```
>>> import lzma
>>> with lzma.open('sample.xz', 'wt') as f:
...     f.write(' 將中文字串以 lzma 進行壓縮 ')
...
14

>>> with lzma.open('sample.xz', 'rt') as f:
...     content = f.read()
....

>>> content
' 將中文字串以 lzma 進行壓縮 '
```

```
>>> text = '中文字串'
>>> b = text.encode('utf-8')
>>> lzma_data = lzma.compress(b)
>>> len(b) ─ 若字串很短，即使壓縮也無效果
12

>>> len(lzma_data)
68

>>> long_text = b'A' * 10000 ─ 壓縮很長的字串
>>> lzma_data = lzma.compress(long_text)
>>> len(long_text), len(lzma_data)
(100000, 108)

>>> lzma_decompress_data = lzma.decompress(lzma_data)
>>> len(lzma_decompress_data)
100000

>>> long_text == lzma_decompress_data ─ 解壓縮並確認
True
```

zipfile

操作 ZIP 檔案

這裡說明操作 ZIP 格式壓縮檔 (ZIP 檔) 的 zipfile 模組，透過該模組就可用 Python 程式直接操作 ZIP 檔，而不用使用 zip 等指令。

zipfile 模組的函數與方法

函數名稱、方法名稱	說明	回傳值
ZipFile(file, mode='r', compression=ZIP_STORED, allowZip64=True)	建立用以存取 ZIP 檔案物件的建構子	zipfile.ZipFile
is_zipfile(filename)	檢驗設定之檔案是否為 ZIP 檔案的類別方法	True/False
infolist()	回傳 ZipInfo(針對 ZIP 檔案中的一個檔案彙整資訊的物件) 的列表	list
namelist()	回傳 ZIP 檔案內封存的檔案名稱列表	list
getinfo(name)	取得指定檔案的 ZipInfo 物件	zipfile.ZipInfo
open(name, mode='r', pwd=None)	開啟 ZIP 檔中指定之檔案	zipfile.ZipExtFile
extract(member, path=None, pwd=None)	解壓縮 ZIP 檔之檔案至路徑 path, member 中可傳入檔案名稱或 ZipInfo。回傳解壓縮檔案的 path	str
extractall (path=None, members=None, pwd=None)	解壓縮 ZIP 檔中所有檔案至路徑 path	無
write(filename, arcname=None, compress_type=None)	將指定之檔案寫入 ZIP 檔中，若設定 arcname, 則以該名稱封存	無
writestr(zinfo_or_arcname,bytes [, compress_type])	將指定之 bytes 資料寫入 ZIP 檔，檔案名稱可設定 ZipInfo 或檔案名稱	無
close()	關閉 ZipFile	無

ZipInfo 物件的主要屬性如下。

ZipInfo 物件的主要屬性

屬性名稱	說明	回傳值
filename	檔案名稱	str
date_time	回傳檔案最後更新時間的 Tuple	tuple
compress_size	壓縮後的檔案大小	int
file_size	壓縮前的檔案大小	int

下面範例程式使用的模擬資料可從官方網站的「Download - Python 3.4.3 documentation」頁面上[註1]找到，該網頁提供 zip 與 tar.bz2 壓縮格式的 Plain Text 格式文件。

驗證檔案，讀取 ZIP 檔內容

```
>>> import zipfile
>>> zipfile.is_zipfile('python-3.4.3-docs-text.zip') ― 確認 ZIP 檔
True

>>> zipfile.is_zipfile('python-3.4.3-docs-text.tar.bz2')
False

>>> zip = zipfile.ZipFile('python-3.4.3-docs-text.zip') ― 開啟 ZIP 檔
>>> len(zip.namelist()) ― 確認檔案數
472

>>> zip.namelist()[:2] ― 取得最前面 2 個檔案名稱
['python-3.4.3-docs-text/', 'python-3.4.3-docs-text/contents.txt']

>>> f = zip.open('python-3.4.3-docs-text/contents.txt') ― 開啟檔案
>>> contents = f.read()
>>> contents[:60] ― 取得最前面 60 個字
b'\nPython Documentation contents\n******************************'
```

註1 https://docs.python.org/3.4/download.html

下面範例程式將解壓縮 ZIP 檔內的檔案，此外亦會取得 ZipInfo 物件。

解壓縮 ZIP 檔內的檔案

```
>>> for name in zip.namelist(): ─ 搜尋 zipfile 內的檔案
...     if 'zipfile' in name:
...         zipfile_doc = name
...
>>> zipfile_doc
'python-3.4.3-docs-text/library/zipfile.txt'

>>> zipinfo = zip.getinfo(zipfile_doc) ─ 取得 ZipInfo
>>> zipinfo.filename, zipinfo.date_time
('python-3.4.3-docs-text/library/zipfile.txt', (2015, 4, 15, 0, 7, 16))

>>> zip.extract(zipinfo) ─ 解壓縮 zipfile 的檔案
'/Users/takanori/python-3.4.3-docs-text/library/zipfile.txt'

>>> zip.extractall() ─ 解壓縮所有檔案
>>> zip.close()
>>> import os
>>> os.listdir('python-3.4.3-docs-text') ─ 確認解壓縮檔案
['about.txt', 'bugs.txt', 'c-api', 'contents.txt', 'copyright.txt',
'distributing', 'distutils', 'extending', 'faq', 'glossary.txt',
'howto', 'install', 'installing', 'library', 'license.txt', 'reference',
'tutorial', 'using', 'whatsnew']
```

下面範例使用解壓縮的檔案建立新的 ZIP 檔。

製作 ZIP 檔

```
>>> wzip = zipfile.ZipFile('example.zip', mode='w')
>>> wzip.write('python-3.4.3-docs-text/library/zipfile.txt',
'zipfile.txt')
>>> wzip.namelist()
['zipfile.txt']

>>> wzip.writestr('test.txt', b'test text')
>>> wzip.namelist()
['zipfile.txt', 'test.txt']

>>> wzip.close()
>>> zipfile.is_zipfile('example.zip')
```

tarfile

操作 tar 檔案

本章節說明操作 tar 格式封存檔的 tarfile 模組，可操作的檔案格式包含 gzip、bz2、lzma。透過該模組就可用 Python 程式直接操作 .tar.gz、.tar.bz2 等檔，而不用使用 tar 等指令。

open() 方法

格式	open(name=None, mode='r', fileobj=None, bufsize=10240, **kwargs)
說明	開啟檔案名稱 (name) 或檔案物件 (fileobj) 指定之 tar 檔案。mode 可以「r:gz」的方式設定壓縮格式，其預設值為「r」。寫入時必須設定壓縮格式
參數	• name – 設定 tar 檔的檔案名稱 • fileobj – 設定 tar 檔的檔案物件 • mode – 設定 tar 檔開啟時的模式，預設為讀取模式 r。寫入時須將壓縮格是設定為「w:gz」 • bufsize – 設定區塊大小，預設值為 10240 個位元組
回傳值	tarfile.TarFile

add() 方法

格式	add(name, arcname=None, recursive=True, exclude=None, *, filter=None)
說明	將指定之檔案新增至 tar 封存檔中
參數	• name – 設定檔案名稱、目錄名稱等 • arcname – 設定檔案於封存檔中的另一個名稱 • recursive – 若設定為 True, 則會遞迴新增目錄內檔案至封存檔中 • exclude – 設定一個傳入檔案名稱並回傳 True/False 之函數。若該函數回傳 False, 則該檔案不加入封存檔。此為預定廢止之函數，將由 filter 取代 • filter – 設定傳入 TarInfo 為參數並回傳 TarInfo 之函數，若回傳 None, 表示該檔案不加入封存檔

下面將 TarFile 物件與其主要方法列出。

TarFile 物件的方法

方法名稱	說明	回傳值
is_tarfile(filename)	驗證指定檔案是否為 tar 檔的類別方法	True/False
getnames()	回傳 tar 檔內檔案名稱列表	list
getmember(name)	取得指定檔案名稱的 TarInfo 物件	tarfile.TarInfo
extractfile(member)	回傳設定檔案之檔案物件。member 可傳入檔案名稱或 TarInfo	tarfile.ExFileObject
extract(member , path="" ,set_attrs= True)	將封存檔中指定之檔案解壓縮至指定路徑 path。member 可傳入檔案名稱或 TarInfo。回傳解壓縮檔案的路徑	無
extractall(path="." ,members=None)	將封存檔中所有檔案解壓縮至指定路徑 path	無
close()	關閉 TarFile	無

TarInfo 物件的主要屬性如下。

TarInfo 物件屬性

屬性名稱	說明	回傳值
name	檔案名稱	str
size	檔案大小	int
mtime	最後更新時間	int
mode	存取權限位元	int

下面範例程式使用的模擬資料可從官方網站的「Download - Python 3.4.3 documentation」頁面上[註 1]找到，該網頁提供 zip 與 tar.bz2 壓縮格式的 Plain Text 格式文件。

驗證檔案格式，讀取 tar 檔內容

```
>>> import tarfile
>>> tarfile.is_tarfile('python-3.4.3-docs-text.zip') ── 確認 tar 檔案
False

>>> tarfile.is_tarfile('python-3.4.3-docs-text.tar.bz2')
True

>>> tar = tarfile.open('python-3.4.3-docs-text.tar.bz2') ── 開啟 tar 檔案
>>> len(tar.getnames()) ── 確認檔案數
472

>>> tar.getnames()[:2] ── 取得一開始的 2 個檔案名稱
['python-3.4.3-docs-text', 'python-3.4.3-docs-text/contents.txt']

>>> f = tar.extractfile('python-3.4.3-docs-text/contents.txt')
      └─ 開啟檔案
>>> contents = f.read()
>>> contents[:60] ── 取得開頭 60 個字
b'\nPython Documentation contents\n******************************'
```

下面程式範例解壓縮 tar 檔內的檔案，此外取得 TarInfo 物件。

解壓縮 tar 檔內的檔案

```
>>> for name in tar.getnames(): ── 搜尋 tarfile 內的檔案
...     if 'tarfile' in name:
...         tarfile_doc = name
...
>>> tarfile_doc
'python-3.4.3-docs-text/library/tarfile.txt'

>>> tarinfo = tar.getmember(tarfile_doc) ── 取得 TarInfo
```

註 1 https://docs.python.org/3.4/download.html

```
>>> tarinfo.name, tarinfo.size, tarinfo.mtime, tarinfo.mode
('python-3.4.3-docs-text/library/tarfile.txt', 26327, 1429488433, 436)

>>> tar.extract(tarinfo) — 解壓縮 tarfile 的檔案
>>> tar.extractall() — 解壓縮所有檔案
>>> tar.close()
>>> import os
>>> os.listdir('python-3.4.3-docs-text')
['about.txt', 'bugs.txt', 'c-api', 'contents.txt', 'copyright.txt',
'distributing', 'distutils', 'extending', 'faq', 'glossary.txt',
'howto', 'install', 'installing', 'library', 'license.txt', 'reference',
'tutorial', 'using', 'whatsnew']
```

下面程式範例使用先前解壓縮的檔案，建立新的 .tar.gz 檔。

建立 tar 檔

```
>>> wtar = tarfile.open('example.tar.gz', mode='w:gz')
>>> wtar.add('python-3.4.3-docs-text/library/tarfile.txt', 'tarfile.txt')
>>> wtar.getnames()
['tarfile.txt']

>>> wtar.close()
>>> tarfile.is_tarfile('example.tar.gz')
True
```

8

特定資料格式的操作

軟體開發中會需針對 CSV 檔案或 TSV 檔案等特定格式資料進行操作，在本章中將介紹如何使用 Python 處理 CSV、YAML 或 JSON 等廣泛使用的格式，亦會介紹存取 Excel 檔案與 JPEG、PNG 等圖檔資料的相關套件。藉由本章的介紹，相信大家會學到如何操作大部分的資料格式。

CSV

操作 CSV 檔案

這裡介紹操作 CSV 與 TSV 格式檔案的 csv 模組，使用該模組就可以輕易地對檔案進行讀取與寫入的動作。

CSV 檔案的讀取與寫入

將以下面 CSV 檔案 sample.csv 作為讀取目標。

sample.csv

```
"id","都道府","人口（人）","面積（km2）"
"1","東京都","13000000","2103.97"
"2","神奈川","9000000","2416.05"
"3","千葉","6200000","5081.93"
"4","埼玉","7200000","3767.92"
```

下面程式是讀取 sample.csv 並將內容 print 出來。

讀取 CSV 檔案

```
import csv

with open('sample.csv', mode='r', encoding='utf-8') as f:
    reader = csv.reader(f)
    for row in reader:
        print(row)
```

reader() 函數會回傳迭代的 reader 物件，接著用 for 迴圈逐行處理。上面程式的執行結果如下。

「讀取 CSV 檔案」的執行結果

```
['id', '都道府', '人口 (人) ', '面積 (km2) ']
['1', '東京都', '13000000', '2103.97']
['2', '神奈川', '9000000', '2416.05']
['3', '千葉', '6200000', '5081.93']
['4', '埼玉', '7200000', '3767.92']
```

從結果可看出，CSV 檔案的每行資料都被建立成列表，並可從各列表操作其元素。

CSV.reader

csv.reader() 函數

格式	csv.reader(csvfile, dialect='excel', **fmtparams)
說明	將 CSV 檔案各行資料轉成可迭代處理的 reader 物件並回傳
參數	• csvfile – 設定支援迭代器協定 (Iterator Protocol) 物件 • dialect – 格式化參數的設定名稱
回傳值	reader 物件

csvfile 參數的作用如上面範例程式「讀取 CSV 檔案」一樣，用以設定檔案物件。

dialect 參數是設定格式化參數的設定，即設定是以逗號分隔、tab 鍵分隔等，可設定的選項有 excel(Excel 輸出的 CSV 檔案)、excel-tab(Excel 輸出的 TSV 檔案)與 unix(以終端符號 '\n' 分隔之檔案)。

格式化參數除了用 dialect 設定外，也可做個別設定，較常用的就是 delimiter 與 quotechar。delimiter 是欄位分隔字元，預設為逗點 (,)，可設定制表符號 (tab) 或管線 (pipe) 取代，以支援除逗點以外的格式。quotechar 則是識別資料內容符號的設定，預設為雙引號 (")。

下面程式是設定 delimiter 與 quotechar 的範例。

設定 delimiter 與 quotechar

```
# 讀取TSV檔案
reader1 = csv.reader('sample.tsv', delimiter='\t')

# 設定識別資料內容符號為「#」並進行讀取
reader2 = csv.reader('sample.tsv', delimiter='\t', quotechar='#')
```

下面程式是讀取 CSV 檔案進行簡單處理後，輸出成新的 TSV 檔案。

檔案讀取、處理與輸出

```
import csv

with open('sample.csv', mode='r', encoding='utf-8') as read_file:
    reader = csv.reader(read_file)
    # 跳過標題列
    next(reader)

    with open('result.tsv', mode='w', encoding='utf-8') as write_file:
        writer = csv.writer(write_file, delimiter='\t')
        # 寫入標題列
        writer.writerow(['都道府縣', '人口密度（人/km2）'])

        for row in reader:
            # 用人口與面積的值計算人口密度
            population_density = float(row[2]) / float(row[3])

            # 檔案寫入
            writer.writerow([row[1], int(population_density)])
```

上述程式之執行結果如下，會輸出 result.tsv。

result.tsv

```
都道府縣	人口密度（人/km2）
東京都	6178
神奈川縣	3725
千葉縣	1220
埼玉縣	1910
```

CSV.writer

csv.writer() 函數

格式	csv.writer(file , dialect='excel' , **fmtparams)
說明	將 CSV 檔案資料以欄位分隔字元處理後回傳寫入用的 writer 物件
參數	• file – 寫入用的檔案物件 • dialect – 格式化參數的設定名稱
回傳值	writer 物件

dialect 參數與 csv.reader() 函數中的説明相同，關於格式化參數的部分亦可設定 delimiter 與 quotechar。

csv.writer.writerow() 函數

格式	csv.writer.writerow(row)
説明	格式化資料並寫入 writer 的檔案物件
參數	• row – 字串或數值序列

利用 CSV 檔案標題欄位讀取資料

利用 csv.reader() 讀取的檔案，會將各列資料作成列表物件以進行操作。當檔案的欄位很多時，列表元素就會變得很長，在程式中就很難判斷到底是存取哪個欄位。針對只存取之欄位，給予適當名稱儲存於變數中也是一種方法，但欄位很多時也會過於冗長。

使用 DictReader() 會自動將標題欄位作為字典鍵值，就可透過鍵值存取該欄位的值，是非常便利的類別。

利用 DictReader() 讀取

```
import csv

with open('sample.csv', mode='r', encoding='utf-8') as f:
    for row in csv.DictReader(f):
        print(row)
```

上面程式執行結果如下，會以字典型態的方式輸出讀入的各列資料。

「利用 DictReader() 讀取」執行結果

```
{' 人口 （人） ': '13000000', ' 面積 （km2） ': '2103.97', 'id': '1', ' 都道府縣 ':
' 東京都 '}
{' 人口 （人） ': '9000000', ' 面積 （km2） ': '2416.05', 'id': '2', ' 都道府縣 ':
' 神奈川縣 '}
{' 人口 （人） ': '6200000', ' 面積 （km2） ': '5081.93', 'id': '3', ' 都道府縣 ':
' 千葉縣 '}
{' 人口 （人） ': '7200000', ' 面積 （km2） ': '3767.92', 'id': '4', ' 都道府縣 ':
' 埼玉縣 '}
```

底下是使用 DictReader() 改寫「檔案讀取、處理與輸出」的程式。

使用 DictReader() 並選擇欄位

```
# 使用DictReader()的情況
# population_density = float(row[2]) / float(row[3])

# DictReader()使用 場合
population_density = float(row['人口（人）']) / float(row['面積（km2）'])
```

因為可以使用標題欄位，程式處理的內容更為清楚。

csv.DictReader() 類別

格式	class csv.DictReader(csvfile, fieldnames=None, restkey=None, restval=None, dialect='excel', *args, **kwds)
說明	以字典格式讀取資料
參數	• csvfile – 設定支援迭代協定的物件 • fieldnames – 字典鍵值不只可從標題欄位建立，亦可設定序列 • restkey – 設定當 fieldnames 設定的鍵值個數與實際載入之欄位個數不一致時，用以補足鍵值個數之字串 • restval – 與 restkey 相同，若欄位個數不一致時，設定用以補足字典值的字串 • dialect – 格式化參數的設定名稱
回傳值	reader 物件 (包含鍵值)

configparser

操作 INI 檔案

這裡說明提供操作 INI 檔案功能的 configparser 模組。INI 檔案是 Windows OS 中作為設定檔的格式，由於其簡潔的文字顯示，讓 Windows 外的其他平台亦採用。一些 Python 開發的工具，其設定檔案就是採用此種格式，例如分散式版本管理工具 Mercurial[注 1]。

此外，configparser 在 Python 2.7 前的名稱為 ConfigParser 模組，import 時請注意差異。

讀取 INI 檔案

下面程式讀取 INI 檔案 config.ini 並進行操作。

config.ini

```
[DEFAULT]
home_dir = /home/guest
group = viewer
limit = 200

[USER_A]
home_dir = /home/user_a
group = Developer
```

INI 檔案中，使用 [] 包住的部分為各個區段，區段中的項目以「選項名稱與值」作為一組，中間除使用等號 (=) 外，亦可使用冒號 (:) 區分。

注 1　https://mercurial.selenic.com

讀取 INI 檔案的程式如下。

INI 檔案的讀取

```
>>> from configparser import ConfigParser
>>> config = ConfigParser()
>>> config.read('config.ini')  ← INI 檔案的讀取
['config.ini']

>>> config.sections()  ← 取得區段列表
>>> ['USER_A']
>>> config.options('USER_A')  ← 取得選項名稱列表
['home_dir', 'group']

>>> 'USER_B' in config  ← 確認區段是否存在
False

>>> config.get('USER_A', 'group')  ← 取得選項值
'developer'

>>> config.get('USER_A', 'limit')  ← DEFAULT 值的採用
'200'
```

ConfigParser.read() 方法

格式	ConfigParser.read(file_path)
說明	INI 檔案的讀取
參數	• file_path –INI 檔案路徑，file_path 可傳入多個 INI 檔案之列表。
回傳值	解析的檔案名稱列表

ConfigParser.sections() 方法

格式	ConfigParser.sections ()
說明	回傳讀入的 INI 檔中存在的區段名稱列表
回傳值	區段列表

回傳的列表中不包含 DEFAULT 列表，區段名稱 DEFAULT 為特別之設置，其設定之選項可做為其他區段項目之預設值。區段名稱的大小寫會有所區別。

ConfigParser.options() 方法

格式	ConfigParser.options(section)
說明	回傳設定之區段內存在的選項名稱列表
參數	• section – 區段名稱
回傳值	選項名稱列表。與區段名稱不同，選項名稱無區分大小寫。

ConfigParser.get() 方法

格式	ConfigParser.get(section, option)
說明	取得設定選項名稱的值
參數	• section – 區段名稱 • option – 選項名稱
回傳值	選項名稱對應的值

option 參數中設定的選項名稱，即使在 INI 檔案中是唯一值也必須設定 section。

設定的 section 中若不存在選項名稱 option，則會嘗試於 DEFAULT 區段內搜尋該選項名稱，若有找到則採用。上面「config.ini」與「INI 檔案的讀取」程式範例中，由於 USER_A 區段內的 limit 值設定為「200」，因此最後採用「200」。請把握此行為，儘量不要實作自己的條件分支。

INI 檔案的進階使用

INI 檔案設計以簡單的結構提升可讀性與操作性，但若持續撰寫重複的字串，亦會造成內容過於冗長，此時可善加利用插值 (interpolation) 的功能。

下面使用 INI 檔案 config_interp.ini。

config_interp.ini

```
[USER_A]
home_dir = /home/user_a
mail_dir = %(home_dir)s/mail
group = Developer
```

下面為插值功能的範例程式。

BasicInterpolation 的使用

```
>>> config = ConfigParser()
>>> config.read('config_interp.ini')
config.get('USER_A', 'mail_dir')
'/home/user_a/mail'
```

如上面程式所示，當 ConfigParser 類別的實體建立時，在無任何設定的情況下可以使用標準的插值功能。

若將選項名稱 mail_dir 的值用 %(home_dir)s 撰寫於 INI 檔案中，同一區段內（或 DEFAULT 區段內）的選項名稱 home_dir 的值換成 /home/user_a, 結果會得到 /home/user_a_mail。

ConfigPaser 類別的實體建立時，可設定 ExtendedInterpolation 類別以執行高階的插值，下面展示使用 ExtendedInterpolation 的操作範例。範例是使用 INI 檔案 config_exinterp.ini。

config_exinterp.ini

```
[USER_A]
home_dir = /home/user_a
mail_dir = ${home_dir}/mail
group = Developer

[USER_B]
group = ${USER_A:group}
```

使用 ExtendedInterpolation 的範例程式如下。

ExtendedInterpolation 的使用

```
>>> from configparser import ConfigParser, ExtendedInterpolation
>>> config = ConfigParser(interpolation=ExtendedInterpolation())
>>> config.read('config_interp.ini')
config.get('USER_B', 'group')
'Developer'
```

區段〔USER_B〕的選項 group 的值為 ${USER_A:group}，此種 ${ 區段 : 選項名稱 } 的結構允許其他區段任意的選項名稱值插入。若是插入同一區段內其他的選項值，則可用 ${ 選項名稱 } 的格式。

configparser與資料型態　Column

configparser 讀入的資料皆是以字串儲存，若想存取數值的型態，可利用 ConfigParser.getint() 的方法，或使用 int() 轉型也是沒問題的。

configparser 與資料型態

```
>>> from configparser import ConfigParser
>>> config = ConfigParser()
>>> config.read('config.ini')
['config.ini']

>>> config.getint('USER_A', 'limit')
200

>>> int(config.get('USER_A', 'limit'))
200
```

PyYAML

操作 YAML 檔案

版本	3.11
官方文件	http://pyyaml.org/wiki/PyYAMLDocumentation
PyPI	https://pypi.python.org/pypi/PyYAML
原始碼	https://github.com/yaml/pyyaml

這裡介紹提供存取 YAML 格式資料功能的 PyYAML 套件。由於 YAML 格式可以用簡潔的方式撰寫資料結構而受到廣泛的使用，例如著名的組態設定工具 Ansible[注1] 即採用 YAML 格式。

透過使用 PyYAML, 應用程式的設定檔案皆可以 YAML 格式撰寫使用。

PyYAML 的安裝

首先透過底下的方式進行 PyYAML 的安裝。

PyYAML 的 pip 安裝

```
$ pip install PyYAML
```

YAML 檔案的讀取

接著介紹如何讀取 YAML 格式的檔案，下面範例將讀取 YAML 檔案 sample.yml。

注1 http://www.ansible.com

sample1.yml

```
---
database:
  host: localhost
  port: 3306
  db: test
  user: test
smtp_host: localhost
```

讀取 sample.yml 的範例程式如下。

YAML 檔案的讀取

```
>>> import yaml
>>> file = open('sample1.yml', 'r')
>>> conf = yaml.load(file)
>>> conf
{'database': {'port': 3306, 'db': 'test', 'user': 'test', 'host':
'localhost'},
 'smtp_host': 'localhost'}

>>> conf['database']['port']
3306

>>> file.close()
```

套件名稱雖然為 PyYAML，但 import 時請注意名稱為「yaml」。載入雜湊表示的資料後，會以 Python 字典型態的方式操作，巢狀亦會保留。雜湊外的會以陣列方式表達資料結構，在此情況下，Python 會以列表型態的方式操作。

yaml.load()

格式	yaml.load(stream, Loader=<class 'yaml.loader.Loader'>)
說明	讀取 YAML 格式的檔案
參數	• stream – 設定讀取 YAML 檔案的字串串流
回傳值	解析 YAML 結果的 Python 物件

yaml.load_all() 類似於 yaml.load() 的功能，但該方法可讀取如 sample2.yml 檔案的內容，內容中以「---」做區分。

sample2.yml

```
---
order: 1
menu: ham
---
order: 2
menu: egg
```

使用 load_all() 讀取 YAML 檔案

```
>>> with open('sample2.yml', 'r') as f:
...     for data in yaml.load_all(f):
...         print(data)
...
{'order': 1, 'menu': 'ham'}
{'order': 2, 'menu': 'egg'}
```

YAML 檔案的寫入

底下來寫入 YAML 格式撰寫的檔案。

YAML 檔案的寫入

```
>>> hosts = {'web_server': ['192.168.0.2', '192.168.0.3'], 'db_server':
['192.168.10.7']}
>>> with open('dump.yml', 'w') as f:
...     f.write(yaml.dump(hosts, default_flow_style=False))
...
66
```

上面程式的執行結果，會輸出至下面 YAML 檔案 dump.yml。

dump.yml

```
db_server:
- 192.168.10.7
web_server:
- 192.168.0.2
- 192.168.0.3
```

yaml.dump()

格式	yaml.dump(data, stream=None, Dumper=Dumper, **kwds)
說明	輸出 YAML 格式撰寫之檔案
參數	• data – 輸出的資料 • stream – 設定輸出檔案物件
回傳值	stream 若為 None 則回傳字串

dump() 中可設定 YAML 格式相關的參數，具代表性之參數如下。

YAML 格式相關之參數

參數	說明
indent	若列表為巢狀等情況，以數值設定縮排的空白數
explicit_start	若設定 True, 則開頭會加上「---」，預設為 False
default_flow_style	預設為 True 時採用 YAML 的 flow style；設定為 False 時改為 block style

json

操作 JSON 檔案

這裡介紹提供操作 JSON 格式資料功能的 json 模組，JSON 即 JavaScript Object Notation, 是在 JavaScript 中結構化顯示資料的一種格式。現今作為 Web API 的輸出格式而廣泛使用，例如 Twitter、GitHub 的 API 都採用 JSON。

其不只是作為 Web 應用程式的輸出入，也可在資料庫中以 JSON 格式儲存資料結構。例如 PostgreSQL 註1 自版本 9.2 開始新增了 JSON 的資料型態，MongoDB 註2 則以 JSON 儲存、讀取資料結構。

JSON 的編碼與解碼

下面程式示範如何執行 JSON 編碼。

JSON 編碼

```
>>> import json
>>> data = [{'id': 123, 'entities': {'url': 'python.org', 'hashtags':
['#python', '#pythonjp']}}]
>>> print(json.dumps(data, indent=2))
[
  {
    "entities": {
      "url": "www.python.org",
      "hashtags": [
        "#python",
        "#pythonjp"
      ]
    },
    "id": 123
  }
]
```

註1 http://www.postgresql.org

註2 https://www.mongodb.org

json.dumps()

格式	json.dumps(obj, skipkeys=False, ensure_ascii=True, check_circular=True, allow_nan=True, cls=None, indent=None, separators=None, default=None, sort_keys=False, **kw)
說明	將資料編碼為 JSON 格式
參數	• obj – 編碼對象的物件 • indent – 設定縮排的空格數 • sort_keys – 若設定為 True 則以鍵值排序
回傳值	JSON 型態的 str 物件

下面程式示範如何執行 JSON 解碼。

JSON 解碼

```
>>> from decimal import Decimal
>>> json_str = '["ham", 1.0, {"a":false, "b" :null}]'
>>> json.loads(json_str)
['ham', 1.0, {'a': False, 'b': None}]

>>> json.loads(json_str, parse_float=Decimal) — 設定浮點數的處理
['ham', Decimal('1.0'), {'a': False, 'b': None}]
```


json.loads()

格式	json.loads(s, encoding=None, cls=None, object_hook=None, parse_float=None, parse_int=None, parse_constant=None, object_pairs_hook=None, **kw)
說明	將資料從 JSON 格式解碼
參數	• s – 解碼對象的物件 • parse_float – 設定 JSON 中浮點數的處理 • parse_int – 設定 JSON 中整數的處理
回傳值	Python 物件

編碼與解碼基於下列轉換表執行操作。

編碼與解碼轉換表

JSON	Python
物件	字典
陣列	序列
字串	字串
數值	數值
true	True
false	False
null	None

編碼時 Tuple 的操作與序列相同。

JSON 的編碼與解碼 (檔案物件)

下面將說明包含 JSON 的檔案物件與 Python 物件的編碼 / 解碼。

檔案讀取與儲存

```
>>> with open('./sample.json', mode='r') as f:
...     json_string = json.load(f)
...

>>> print(json.dumps(json_string, indent=2)) ── 確認內容
[
  {
    "entities": {
      "url": "www.python.org",
      "hashtags": [
        "#python",
        "#pythonjp"
      ]
    },
    "id": 123
  }
]
```

```
>>> json_string[0]['entities']['hashtags'].append('#pyhack')
>>> with open('dump.json', mode='w') as f:
...     json.dump(json_string, f, indent=2)
```

上述程式執行後會產出檔案「dump.json」。

dump.json

```
[
  {
    "entities": {
      "url": "www.python.org",
      "hashtags": [
        "#python",
        "#pythonjp",
        "#pyhack"
      ]
    },
    "id": 123
  }
]
```

字串操作的函數為 loads() 與 dumps()，檔案物件操作的函數則為 load() 與 dump()。

json.dump()

格式	json.dump(obj, fp, skipkeys=False, ensure_ascii=True, check_circular=True, allow_nan=True, cls=None, indent=None, separators=None, default=None, sort_keys=False, **kw)
說明	將資料以 JSON 格式編碼並輸出至檔案
參數	• obj – 編碼對象的物件 • fp – 設定檔案物件 • indent – 設定縮排空格數 • sort_keys – 若設定為 True 則以鍵值排序

參數 fp 以外的使用方法與 dumps() 相同。

json.load()

格式	json.load(fp, cls=None, object_hook=None, parse_float=None, parse_int=None, parse_constant=None, object_pairs_hook=None, **kw)
説明	對檔案物件中的 JSON 資料執行解碼
參數	• fp – 設定檔案物件 • parse_float – 設定 JSON 中浮點數的處理 • parse_int – 設定 JSON 中整數的處理

參數 fp 以外的使用方法與 loads() 相同。

openpyxl

操作 Excel 檔案

版本	2.2.4
官方文件	http://openpyxl.readthedocs.org/en/latest/
PyPI	https://pypi.python.org/pypi/openpyxl/
原始碼	https://bitbucket.org/openpyxl/openpyxl/src

本章節介紹提供 Microsoft Excel 讀取、寫入等 Python 功能的 openpyxl 套件，其可支援 Microsoft Office 2007 版後的 xlsx/xlsm/xltx/xltm 格式。使用該套件就可透過 Python 程式處理儲存格值的讀取、儲存格合併、插入圖表等 Excel 一系列的操作。

openpyxl 的安裝

openpyxl 的安裝語法如下。

openpyxl 的 pip 安裝語法

```
$ pip install openpyxl
```

Excel 檔案的讀取

使用 openpyxl 讀取 Excel 檔案，Excel 範例檔案 sample.xlsx 的資料如下。

sample.xlsx

品項	庫存
蘋果	2
橘子	5
草莓	1
合計	=SUM(表格 1[庫存])

底下讀取 sample.xlsx 後取得儲存格的值。

讀取 Excel 檔案與取得儲存格的值

```
>>> import openpyxl
>>> wb = openpyxl.load_workbook('sample.xlsx')
>>> wb.get_sheet_names() ── 取得工作表列表
['Sheet1', 'Sheet2']
>>> ws = wb.get_sheet_by_name('Sheet1')
>>> ws.get_highest_column()
2

>>> ws.get_highest_row()
5

>>> ws['A4'].value ── 可如字典型態的方式存取
' 草莓 '

>>> a2 = ws.cell('A2') ── 用儲存格名稱指定儲存格
>>> a2.value
' 蘋果 '

>>> a3 = ws.cell(row=3, column=1) ── 用 row 與 column 指定儲存格
>>> a3.value
' 橘子 '

>>> b5 = ws.cell('B5')
>>> b5.value
'=SUM( 表格 1[ 庫存 ])'
```

openpyxl.load_workbook()

格式	openpyxl.load_workbook(filename, read_only=False, use_iterators=False, keep_vba=False, guess_types=False, data_only=False)
説明	讀取 Excel 檔案
參數	• filename – 設定讀取對象的 Excel 檔案路徑 • read_only – 若設定為 True, 則設定為唯讀，不可編輯 • data_only – 若設定為 True, 當儲存格的值為函數時，直接顯示其計算結果
回傳值	Workbook 物件

上一頁的程式中，load_workbook() 方法中的 data_only 預設為 False, 因此儲存格中會顯示 SUM 函數的公式「=SUM(表格 1[庫存])」。若 data_only 設定為 True, 則會直接顯示 SUM 函數計算的結果 =8。

get_sheet_names()

格式	get_sheet_names()
說明	取得讀入 Excel 檔案內的工作表名稱列表
回傳值	工作表名稱的列表

get_sheet_by_name()

格式	get_sheet_by_name(name)
說明	設定名稱取得 Excel 的工作表
參數	• name – 設定工作表名稱
回傳值	Worksheet 物件

cell()

格式	cell(coordinate=None, row=None, column=None, value=None)
說明	取得儲存格的值
參數	• coordinate – 以 A1、B2 等 A1 參考的方式設定儲存格 • row – 設定儲存格的列數，與 column 合併使用，第一列為 row=1 • column – 設定儲存格的行數，與 row 合併使用，第一行為 column=1

cell() 方法用來取得儲存格的值，可透過 coordinate 或 row 與 column 的值組來指定儲存格。

coordinate 參數為 'A2' 的情況下，與設定 row=2、column=1 的結果是一樣的。不過若使用 row 與 column 時，請注意是從 1 開始起算而不是 0。

再來看另一段程式。

依序取得儲存格的值

```
import openpyxl

wb = openpyxl.load_workbook('sample.xlsx', data_only=True)
ws = wb.get_active_sheet()

print('依照A1 -> A2 -> ... B1 -> B2的順序取得')
for row in ws.rows:
    for cell in row:
        print(cell.value)

print('依照A1 -> B1 -> A2的順序取得')
for column in ws.columns:
    for cell in column:
        print(cell.value)
```

上面程式範例的結果如下。

```
依照 A1 -> A2 -> ... B1 -> B2 的順序取得
--------
品項
庫存
蘋果
2
橘子
5
草莓
1
合計
8

依照 A1 -> B1 -> A2 的順序取得
---------
品項
蘋果
橘子
草莓
```

```
合計
庫存
2
5
1
8
```

Excel 檔案的寫入

接著示範如何使用 opeypyxl 將資料寫入 Excel。

Excel 檔案的寫入

```
import openpyxl

wb = openpyxl.Workbook()

ws = wb.create_sheet(index=0, title='New Sheet')
ws['A1'] = 100

wb.save(filename='new_book.xlsx')
```

程式執行後，會將 new_book.xlsx 儲存於當前目錄下。

程式中將數值 100 寫到 new_bool.xlsx 工作表「New Sheet」中的儲存格「A1」。

create_sheet()

格式	create_sheet(index=None, title=None)
說明	於 Excel 檔案中插入工作表
參數	• index – 設定工作表插入位置，設定為 0 表示插入最左側 • title – 設定工作表名稱
回傳值	Worksheet 物件

save()

格式	save(filename)
說明	儲存 Excel 檔案
參數	• filename – 設定儲存 Excel 檔案的路徑
回傳值	無

最後介紹如何於工作表中插入圖表，程式範例如下。

圖表的插入

```
import random
from openpyxl.charts import Reference, Series, LineChart

wb = openpyxl.Workbook()
ws = wb.active

for i in range(10):
    ws.append([random.randint(1, 10)])

values = Reference(ws, (1, 1), (10, 1))
series = Series(values, title="Sample Chart", color=3)
chart = LineChart()
chart.append(series)
ws.add_chart(chart)

wb.save("sample_chart.xlsx")
```

執行上面程式後，會輸出 sample_chart.xlsx, 於工作表「Sheet」中插入如下頁的折線圖。

圖表

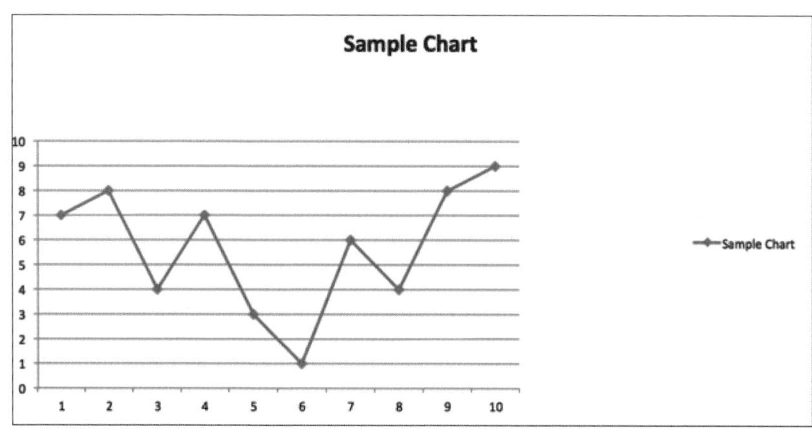

Python與Excel　Column

使用 Python 操作 Excel 資料的套件除 openpyxl 外還有很多，例如以往較常使用 xlrd 與 xlwt，其可支援 Microsoft Office 2007 前舊版本的 .xls 格式，用以資料分析的 pandas 套件[註1] 亦有 Excel 資料讀入的功能，其他還有像是專門提供 Excel 資料寫入的 xlsxwriter、以取代 VBA 為目標的高性能 xlwings[註2] 等。

一般要做到 Excel 的自動化並提高效率都會使用 VBA，但 VBA 的用途過於侷限，各位可以試著導入像 Python 這種泛用型的程式語言，協助 Excel 中無法處理的自動化作業。

註 1　http://pandas.pydata.org

註 2　http://xlwings.org

Pillow

圖片的處理

版本	2.9.0
官方文件	http://pillow.readthedocs.org
PyPI	https://pypi.python.org/pypi/Pillow/
原始碼	https://github.com/python-pillow/Pillow

本章節介紹提供圖片資料 JPEG、PNG 等）作功能的 Pillow，使用該套件可以對圖片進行各種加工，例如縮小、放大與色調調整等。

以往利用 Python 操作圖片少不了 PIL(Python Imaging Library)[註1] 套件，但 PIL 在 2009 年時就已停止開發，有人便將 PIL 執行 Fork，改版成 Pillow 套件並發布。Pillow 於 2013 年時開始支援 Python 3 系列，並且持續的發展。

Pillow 的安裝

Pillow 的 pip 安裝指令如下。

Pillow 的 pip 安裝

```
$ pip install pillow
```

在載入 Pillow 時指令為「import PIL」，如開頭所說的，這是因為 Pillow 為 PIL 套件的分支專案，為了維持原始碼的互換性而採用此名稱。

此外 Pillow 相依於 libjpeg、zlib 等函式庫，若無安裝必須的函式庫，則在操作像是 JPEG 圖片時就會出現「OSError:encoder jpeg not available」的錯誤，函式庫的支援情況可在 pip 安裝後的進行確認。

註1　http://www.pythonware.com/products/pil/

支援狀況列表

```
*** TKINTER support not available
*** JPEG support not available
*** OPENJPEG (JPEG2000) support not available
--- ZLIB (PNG/ZIP) support available
*** LIBTIFF support not available
*** FREETYPE2 support not available
*** LITTLECMS2 support not available
*** WEBP support not available
*** WEBPMUX support not available
```

Ubuntu 14.10 中導入相依函式庫的方式如下。

安裝 Pillow 相依函式庫

```
sudo apt-get install libz-dev libjpeg-dev libfreetype6-dev
```

旋轉、改變圖片大小

首先將使用下面圖片，示範如何改變大小與旋轉圖片。

加工前圖片

這裡的範例圖片「sample1.jpg」(水平 400px * 垂直 400px), 大小約 27KB, 格式為 JPEG 格式。

改變圖片大小

```
from PIL import Image

# 載入圖片
img = Image.open('sample1.jpg')

# 改變大小為200px X 200px
resized_img = img.resize((200, 200))

# 順時針旋轉90度
rotated_img = resized_img.rotate(90)

rotated_img.save('processed_sample1.jpg', quality=100)
```

上面程式執行後輸出圖片如下，水平 200px * 垂直 200px, 約 10KB)

加工後圖片 (JPEG)

如果想以 JPEG 外的格式儲存，寫法如下。

以各種圖片格式儲存

```
resize_img.save('processed_sample1.png', format='PNG', compress_level=1)

# 若省略參數format, 則會以檔案名稱副檔名自動判斷
resize_img.save('processed_sample1.png', compress_level=1)
resize_img.save('processed_sample1.gif')
resize_img.save('processed_sample1.bmp')
```

Image.open()

格式	Image.open(file_path,mode='r')
說明	開啟圖片檔案
參數	• file_path – 設定圖片檔的路徑 • mode – 用以設定模式的參數，但只能設定 'r'
回傳值	Image 物件

Image 模組中提供建立新圖片的 new() 方法，實際上大多使用 open() 方法開啟既有的圖片檔案。

Image.resize()

格式	Image.resize(size, resample=0)
說明	改變圖片大小
參數	• size – 以 (width, height) 值組設定改變後的圖片大小 (像素) • resample – 設定濾波器
回傳值	Image 物件

resample 參數可設定的濾波器有 PIL.Image.NEAREST (近鄰法)、PIL.Image.BILINEAR (雙線性法)、PIL.Image.BICUBIC (雙立方法)、PIL.Image.LANCZOS (Lanczos 法)。一般都建議採用 Lanczos 法或雙立方法會有較好的效果，若非常重視處理速度，則成本效率較佳的雙線性法亦是不錯的選擇。

Image.rotate()

格式	Image.rotate(angle, resample=0, expand=0)
說明	旋轉圖片
參數	• angle – 設定旋轉時的順時針角度
回傳值	Image 物件

resample 的使用方法與 resize() 方法相同。

Image.save()

格式	Image.save(file_path, format=None, **params)
說明	儲存圖片
參數	• file_path – 設定圖片儲存路徑 • format – 設定儲存之格式，若省略則以 file_path 的副檔名自動判斷 • **params – 設定各圖片格式不同之選項

format 參數可設定 JPEG、JPEG200、PNG、BMP 等格式，依據圖片格式，會決定 **params 可設定的選項。JPEG 的情況中提供 quality 選項，若 quality 的值小於 100, 則可將圖片品質很差的圖片以高壓縮率的方式縮小、漸進式 JPEG 則提供 progressive 選項、PNG 提供可設定 0~9 的壓縮度 compress_level 與透明度 transparency 等選項，因為各個圖片格式都提供很多選項可設定，詳細的內容請參照官方文件「Image file formats」(http://pillow.readthedocs.org/handbook/image-file-formats.html)。

將文字插入至圖片

可將文字插入至圖片中，語法如下。

文字插入

```
from PIL import Image, ImageDraw, ImageFont

img = Image.open('processed_sample1.jpg')
draw = ImageDraw.Draw(img)

# 設定font種類與大小
font = ImageFont.truetype('~/Library/Fonts/ipag.ttf', 22)


# 插入文字
draw.text((63, 7), 'Python!', font=font, fill='#000')

img.save('drew_text.png', format='PNG')
```

執行程式後輸出圖片如下，可看到圖片的上方插入「Python!」字串。

插入文字的圖片

ImageFont.truetype()

格式	ImageFont.truetype(font=None, size=10, index=0, encoding='', filename=None)
說明	讀取 TrueType 類型之字型，建立字型物件
參數	• font – 設定字型檔案 • size – 設定字型大小 • index – 字型檔案中包含數個字型，應設 ttc 編號 • filename – 不使用
回傳值	字型物件

truetype() 方法用以讀取 TrueType 類型的字型並建立字型物件，參數 index 可設定 ttc 編號，例如 msgothic.ttc 中包含「MS Gothic」與「MS P Gothic」，則 ttc 編號分別為 0、1。

ImageDraw.Draw.text()

格式	ImageDraw.Draw.text (xy, text, fill=None, font=None, anchor=None)
說明	將文字插入圖片
參數	• xy – 以座標 (x,y) 值組設定字串插入位置 • text – 設定插入圖片之字串 • fill – 設定字串顏色 • font – 設定字型物件

字串顏色的設定方法如下範例。

- 以 RGB 16 進制數字設定字串 - fill="#FF0000"
- 以 RGB 10 進制數字設定值組 - fill=(255,0,0)
- 以顏色名稱設定 - fill='red'

MEMO

9

網路資料的處理

本篇將介紹可處理網路資料相關的函式庫，透過操作主要的 HTTP 功能，即可操作網路上巨量的資料，請務必記得使用方式，努力往前邁進吧！

urllib.parse

剖析 URL

這裡介紹提供剖析 URL、查詢字串 (Query String)、分解、結合其元素功能的 urllib.parse 模組。urllib.parse 在 Python 2 中是一個獨立模組 urlparse, 到了 Python 3 中則改為 urllib.parse。

剖析 URL - urlparse()

可使用 urlparse() 將 URL 剖析成構成元素。

urlparse()

格式	urlparse(urlstring, scheme='', allow_fragments=True)
説明	回傳 URL 剖析結果
參數	• urlstring – 設定剖析目標之 URL • scheme – 設定 URL 型態，當傳入之 URL 無包含型態時才有效 • allow_fragments – 設定是否允許剖析片段識別碼
回傳值	urllib.parse.ParseResult 類別的實體

剖析 URL

```
>>> from urllib import parse
>>> result = parse.urlparse(
... 'https://www.python.org/doc/;parameter?q=example#hoge')
>>> result ── 剖析結果，回傳 ParseResult 類別實體
ParseResult(scheme='https', netloc='www.python.org', path='/doc/',
params='parameter', query='q=example', fragment='hoge')
>>> result.geturl() ── 從剖析結果取得 URL
'https://www.python.org/doc/;parameter?q=example#hoge'
>>> result.scheme ── 用名稱存取 Tuple 元素
'https'
>>> result[0] ── 用索引存取 Tuple 元素
'https'
>>> result.hostname ── 除 Tuple 元素外的其他幾個屬性
'www.python.org'
```

剖析結果 ParseResult 是一個 Tuple 的子類別，與 Tuple 同樣可進行解包 (Unpack)、切片 (Slice) 的操作。以 Tuple 保存之元素與其他實體屬性如下表所示，若這些屬性不存在於 URL 中時則回傳 None。

下表中對於 Tuple 中各元素對應 URL「scheme://username:password@netloc:port/path;params?query#fragment」中哪些部分亦有註明。

ParseResult 屬性

屬性	值	URL 中的對應部分
scheme	URL 型態 (http、https 等)	scheme
netloc	網路上的位置	username:password@netloc:port
path	路徑階層	/path
params	URL 參數 (; 後的字串)	;params
query	查詢字串 (?hoge=hoge&fuga=fuga)	?query
fragment	片段識別碼 (# 後的字串)	#fragment
username	使用者名稱	username
password	密碼	password
hostname	主機名稱	netloc
port	主機埠號	port（實際為數值）

剖析查詢字串 - parse_qs()

parse_qs() 可用以剖析查詢字串並轉換成 Python 的資料結構。

parse_qs()

格式	parse_qs(qs, keep_blank_values=False, strict_parsing=False, encoding='utf-8', errors='replace')
說明	剖析參數 qs 設定的查詢字串
參數	• qs – 設定查詢字串 • keep_blank_values – 當查詢字串中包含空白的值組，參數設定為 False 時會從剖析結果中移除 • strict_parsing – 設定為 False 時，忽略剖析中的錯誤 • encoding – 設定 Unicode 解碼時的文字編碼 • errors – 設定 Unicode 解碼時的動作
回傳值	dict

此函數會將剖析結果以字典方式回傳，但若使用 parse_qsl() 則會將值組 Tuple 作為列表供存取，parse_qsl() 的參數與 parse_qs() 相同。

剖析查詢字串

```
>>> result = parse.urlparse('https://www.google.co.jp/search?q=python&oq
=python&sourceid=chrome&ie=UTF-8')

>>> result.query
'q=python&oq=python&sourceid=chrome&ie=UTF-8'

>>> parse.parse_qs(result.query) — 想以字典型態操作剖析結果時使用 parse_qs
{'oq': ['python'], 'q': ['python'], 'ie': ['UTF-8'], 'sourceid':
['chrome']}

>>> parse.parse_qs('key=1&key=2') — 同一個 key 有多個值的情況
{'key': ['1', '2']}

>>> parse.parse_qsl(result.query)
  └─ 想以 Tuple 型態操作剖析結果時使用 parse_qsl
[('q', 'python'), ('oq', 'python'), ('sourceid', 'chrome'),
('ie', 'UTF-8')]

>>> parse.parse_qsl('key=1&key=2')
  └─ 有多個值時，與 parse_qs 的差異在於會分成兩個 Tuple
[('key', '1'), ('key', '2')]
```

下面是參數 keep_blank_values 設定為 False（預設）與 True 的差異。

參數 keep_blank_values 設定之差異

```
>>> parse.parse_qs('key1=&key2=hoge') — 預設時會忽略 key1 的值
{'key2': ['hoge']}
>>> parse.parse_qs('key1=&key2=hoge', keep_blank_values=True)
    └─ 若設定參數，則會建立空字串
{'key2': ['hoge'], 'key1': ['']}
```

將 Python 資料結構編碼成 URL - urlencode()

urlencode() 可將 Python 的資料結構轉換成 application/x-www-form-urlencoded 格式資料或 URL 查詢字串。

urlencode()

格式	urlencode(query, doseq=False, safe='', encoding=None, errors=None)
說明	將 Python 資料結構編碼成 URL
參數	• query – 設定用以表示查詢的資料結構 • doseq – 若設定為 True, 則將序列值組直接傳入解析；若設定為 False 則視為字串 • encoding – 設定 Unicode 解碼時的文字編碼 • errors – 設定 Unicode 解碼時的動作
回傳值	str

參數 query 可傳入字典等對應型態物件或是 2 元素的 Tuple 列表，若使用字典型態的情況下，無法保證查詢字串的組合順序。

組合查詢字串

```
>>> parse.urlencode({'key1': 1, 'key2': 2, 'key3': '  '})
'key2=2&key1=1&key3=%E3%81%B1%E3%81%84%E3%81%9D%E3%82%93'

>>> parse.urlencode([('key1', 1), ('key2', 2), ('key3', '  ')])
'key1=1&key2=2&key3=%E3%81%B1%E3%81%84%E3%81%9D%E3%82%93'
```

參數 doseq 設置之差異

```
>>> query = {'key1': 'hoge', 'key2': ['fuga', 'piyo']}
  └── key2 的值為序列資料結構
>>> parse.urlencode(query) ── 預設 doseq 為 False
'key2=%5B%27fuga%27%2C+%27piyo%27%5D&key1=hoge'
  └── 將序列 ['fuga', 'piyo'] 視為字串
>>> parse.urlencode(query, doseq=True) ── deseq 設定為 True
'key2=fuga&key2=piyo&key1=hoge' ── 可解析 1 個 key 有多個值的情況
```

urllib.request

開啟 URL

這裡介紹提供開啟 URL 介面的 urllib.request 模組，其在 Python 2 為 urllib2 模組，在 Python 3 則變成 urllib 模組，urllib2 的功能分別置於 urllib.request 與 urllib.error 兩個模組中。

下面除說明 urllib.request 標準函式庫外，亦會說明官方文件中推薦使用的第三方套件 requests, 此部分請參考「P9-10 頁 易用的 HTTP Client - requests」。

開啟 URL 取得內容

urllib.request 模組中用以開啟 URL 的介面，最具代表性的就是 urlopen()。

格式	urlopen(url, data=None, [timeout,]*, cafile=None, capath=None, cadefault=False, context=None)
說明	開啟 URL 取得內容
參數	• url – 設定 URL, 也可傳入 Request 類別實體 • data – 設定 URL 執行 POST 操作時資料的 bytes 物件 • timeout – 設定逾時時間 • cafile – 設定 HTTPS 請求時驗證文件之路徑 • capath – 設定 HTTPS 請求時儲存驗證文件的目錄路徑 • cadefault – 不使用的參數 • context – 可設定 ssl.SSLContext 類別的實體
回傳值	http.client.HTTPResponse

各 HTTP 方法的 urlopen() 呼叫方式，如下所示。

各 HTTP 方法的 urlopen() 呼叫

HTTP 方法	對應介面
GET	urlopen(url=<url>) 或 urlopen(url=Request(url=<url>))
POST	urlopen(url=<url>, data=<data>) 或 urlopen(url=Request(url=<url>, data=<data>))

HTTP 方法	對應介面
HEAD	urlopen(url=Request(url=<url>, method='HEAD'))
PATCH	urlopen(url=Request(url=<url>, data=<data>, method='PATCH'))
PUT	urlopen(url=Request(url=<url>, data=<data>, method='PUT'))
DELETE	urlopen(url=Request(url=<url>, method='DELETE'))
OPTIONS	urlopen(url=Request(url=<url>, method=' OPTIONS'))

urlopen() 中無提供 HTTP 方法的設定參數，除 GET 方法與 POST 方法可直接傳入 URL 與參數查詢外，使用其他 HTTP 方法查詢時，須將 HTTP 請求抽象化為 urllib.request.Request 類別實體。

執行 GET 請求

開啟 URL 時可將 URL 以字串傳入 urlopen(), 或是以 Request 類別實體傳入。

使用 GET 方法

```
>>> from urllib import request
>>> res = request.urlopen('http://httpbin.org/get')
>>> res.code
200

>>> res.read()
b'{\n  "args": {}, \n  "headers": {\n    "Accept-Encoding": "identity",
\n    "Host": "httpbin.org", \n    "User-Agent": "Python-urllib/3.4"\n  },
 \n  "origin": "219.166.46.195", \n  "url": "http://httpbin.org/get"\n}\n'
```

回傳值是儲存回應 (Response) 資訊的物件，由於其為類檔案物件，因此可以用 read() 等方法讀取資料，回傳值為 http.client.HTTPResponse 類別實體。

urlopen() 中無提供傳入 GET 參數時的特殊介面，須將參數字串作為 URL 的一部分一起查詢，如下所示。

以附加參數的方式查詢

```
>>> res = request.urlopen('http://httpbin.org/get?key1=value1')
```

● 設定客製化標頭

請求時若要設定客製化標頭，可以字典型態傳入 urllib.request.Request 類別的建構子中。

設定客製化標頭

```
>>> headers = {'Accept': 'application/json'}
>>> request.Request('http://httpbin.org/get', headers=headers)
```

執行 POST 請求

藉由傳入第二個參數 data 至 urlopen(), 即可針對第一個參數 URL 做資料 POST 操作。因為參數 data 必須以 byte 型態傳遞，因此範例中會將字串以 .encode() 轉換。

使用 POST 方法

```
>>> data = 'key1=value1&key2=value2'
>>> res = request.urlopen('http://httpbin.org/post', data=data.encode())
>>> res.code
200
```

要以 application/x-www-form-urlencoded 型態的參數傳入 data 時，亦可使用 GET 方法中介紹的 urllib.parse 模組。

執行 GET、POST 以外的 HTTP 方法

要使用 GET、POST 以外的 HTTP 方法執行請求，須利用 urllib.request.Request 類別，在 Request 類別的實體中可以傳入 HTTP 方法。

下面介紹常用的參數。

urllib.request.Request 類別

格式	class urllib.request.Request(url, data=None, headers={}, origin_req_host=None, unverifiable=False, method=None)
參數	• url – 設定 URL • data – 設定 URL 中 POST 資料的 bytes 物件 • headers – 以字典型態設定 HTTP 標頭 • method – 設定 HTTP 方法

將 Request 物件傳入 urlopen() 第一個參數，就可使用任意的 HTTP 方法開啟 URL。下面範例使用 HEAD 方法請求指定的 URL。

使用 HEAD 方法的範例程式

```
>>> req = request.Request('http://httpbin.org/get', method='HEAD')
    └── 建立使用 HEAD 方法的請求
>>> res = request.urlopen(req)
>>> res.code
200

>>> res.read() ── 由於是 HEAD 方法，因此無回應主體 (Response Body)
b''
```

9

測試 HTTP Client 的便利服務 - httpbin　Column

本書 urllib.request 模組以及 requests 模組的範例程式中，請求時都會指定 http://httpbin.org/ 這個 URL，該網址提供了 httpbin 的服務。httpbin 中提供回傳各種原生 HTTP 回應之端點 (End Point)，對於測試 HTTP Clinet 函示庫等非常便利，實際上有哪些端點可使用，請各位試著存取其所提供的服務。

此外，由於 httpbin 亦提供 Python 套件[註 1]，因此也可在本地端電腦中使用。

註 1　https://pypi.python.org/pypi/httpbin

requests

易用的 HTTP Client - requests

版本	2.7.0
官方文件	http://requests.readthedocs.org/en/latest/
PyPI	https://pypi.python.org/pypi/requests
原始碼	https://github.com/kennethreitz/requests

本章節要介紹一個提供 HTTP Clinet 功能的 requests 套件，與「P9-6 頁 開啟 URL － urllib.request」解說的 urllib.request 相同，其提供 URL 開啟、GET、POST 請求等功能。

開啟指定的 URL

其提供對應各 HTTP 方法的介面，非常直覺（如下表，方法省略參數）。

對應 HTTP 方法的介面

HTTP 方法	介面
GET	request.get()
HEAD	request.head()
POST	request.post()
PATCH	request.patch()
PUT	request.put()
DELETE	request.delete()
OPTIONS	request.options()

執行 GET 請求

使用 GET 方法進行請求時可用 requsets.get()。

執行 GET 請求

```
>>> r = requests.get('http://httpbin.org/get')
>>> r
<Response [200]>

>>> r.text
'{\n  "args": {}, \n  "headers": {\n    "Accept": "*/*", \n
"Accept-Encoding": "gzip, deflate", \n    "Host": "httpbin.org", \n
"User-Agent": "python-requests/2.7.0 CPython/3.4.3 Linux/
3.13.0-48-generic"\n  }, \n  "origin": "219.166.46.195", \n  "url":
"http://httpbin.org/get"\n}\n'
```

若想附加參數至 GET 請求，可將字串或字典傳入 params 參數。

附加參數的 GET 請求

```
>>> r = requests.get('http://httpbin.org/get', params='example')
>>> r.url
'http://httpbin.org/get?example'
>>> r = requests.get('http://httpbin.org/get', params={'key': 'value'})
>>> r.url
'http://httpbin.org/get?key=value'
```

以字串設定時會純粹將該字串視為參數存取，若是字典，則會將其作成 key1=value1&key2=value2 的值組參數處理。

● 設定客製化標頭

若想在請求時新增 HTTP 標頭，可將字典傳入 headers 參數。

設定 HTTP 標頭

```
>>> headers = {'Accept': 'application/json'}
>>> r = requests('http://httpbin.org/get', headers=headers)
```

此介面不限於 GET，其通用於所有 HTTP 方法。

回應物件

requests 是針對請求之處理所回應的 requests.models.Response 物件，其代表性的屬性如下。

requests.models.Response 物件的代表性屬性

屬性	說明
Response.request	儲存請求資訊的物件
Response.url	請求的 URL 字串
Response.cookie	儲存回應中 Cookie 資訊的物件
Response.headers	字典型態的回應標頭
Response.status_code	回應的 HTTP 狀態碼
Response.ok	若回應的 HTTP 狀態碼為正常時回傳 True，反之為 False
Response.text	編碼的回應主體
Response.iter_lines()	回傳逐行迭代的回應主體，不是以字串而是以位元組的方式回傳
Response.json	將回應主體以 JSON 格式剖析，轉換為字典型態回傳

由於回應物件若驗證為 bool 會回傳 .ok，可用下面方法判定回應回應錯誤碼的狀況。

回應狀態碼的判定

```
if requests.head(some_url):
    ...
else:  ─ 狀態碼為錯誤(4XX、5XX)的情況
    ...
```

WebAPI 等回應格式為 JSON 的情況下處理會更為簡單，可使用 .json() 將回應解析成字典型態，如下頁程式。

利用 .json() 將 JSON 格式轉換為字典形態

```
>>> r.headers['content-type']
'application/json'

>>> r.json()
{'origin': '219.166.46.195', 'url': 'http://httpbin.org/get', 'args':
{}, 'headers': {'Accept-Encoding': 'gzip, deflate', 'Host': 'httpbin.
org', 'Accept': '*/*', 'User-Agent': 'python-requests/2.7.0 CPython/
3.4.3 Linux/3.13.0-48-generic'}}
```

執行 POST 請求

使用 POST 方法進行請求時可用 requset.post()。

執行 POST 請求

```
>>> payload = {'hoge': 'fuga'}
>>> r = requests.post('http://httpbin.org/post', data=payload)
>>> r.request.body
'hoge=fuga'
```

若 data 參數傳入字典型態，則會轉換成 application/x-www-form-urlencoded 型態之參數。除字典外，還可以傳入字串或類檔案物件。

base64

Base16、Base64 等編碼處理

本章節說明可操作 Base64 編碼、解碼的 base64 模組。該模組可操作下列編碼方式。

- Base16
- Base32
- Base64
- Base85

這些編碼方式主要是針對無法處理只有字母或數字組成之字串的環境，將其轉換為其他字串（例如多位元組 (MultiByte) 字串或二位元 (Binary) 資料）再執行操作。這當中最常使用的即 Base64，主要應用於 Basic 驗證或 Email 中。

將字串執行 Base64 編碼

要將字串執行 Base64 編碼時，可將位元組字串傳入 b64encode()。

base64 編碼

```
>>> import base64
>>> s = 'Python 超好學，是近來最熱門的程式語言。 '
>>> base64.b64encode(s) ── 直接傳入字串會發出錯誤
Traceback (most recent call last):
  File "<stdin>", line 1, in <module>
  File "/usr/lib/python3.4/base64.py", line 62, in b64encode
    encoded = binascii.b2a_base64(s)[:-1]
TypeError: 'str' does not support the buffer interface

>>> s.encode()
b'Python \xe3\x81\xaf\xe7\xb0\xa1\xe5\x8d\x98\xe3\x81\xab\xe7\xbf\x92\xe
5\xbe\x97\xe3\x81\xa7\xe3\x81\x8d\xe3\x80\x81\xe3\x81\x9d\xe3\x82\x8c\xe
3\x81\xa7\xe3\x81\x84\xe3\x81\xa6\xe5\xbc\xb7\xe5\x8a\x9b\xe3\x81\xaa\xe
8\xa8\x80\xe8\xaa\x9e\xe3\x81\xae\xe4\xb8\x80\xe3\x81\xa4\xe3\x81\xa7\xe
```

```
3\x81\x99\xe3\x80\x82'

>>> base64.b64encode(s.encode()) ── 編碼成位元組字串再傳入
b'UHl0aG9ulOOBr+ewoeWNmOOBq+e/kuW+l+OBp+OBjeOAgeOBneOCjOOBp+
OBhOOBpuW8t+
WKm+OBquiogOiqnuOBruS4gOOBpOOBp+OBmeOAgg=='

>>> base64.b64encode(s.encode(), altchars=b'@*')
b'UHl0aG9ulOOBr@ewoeWNm
OOBq@e*kuW@l@OBp@OBjeOAgeOBneOCjOOBp@OBhOOBpuW8t@WKm@
OBquiogOiqnuOBruS4g
OOBpOOBp@OBmeOAgg=='
```

上面範例中藉由將置換字串設定給 altchars，就可將編碼後字串中的＋取代為 @，/ 取代為 *。

base64 模組提供 base64.b64encode() 與字串取代操作相異之函數，而 urlsafe_b64encode() 則提供以 URL 安全之字元進行編碼。

將 Base64 編碼的位元組字串解碼

利用 b64decode() 可將 Base64 編碼的位元組字串解碼。

base64 的解碼

```
>>> s = b'UHl0aG9ulOOBr+ewoeWNmOOBq+e/kuW+l+OBp+OBjeOAgeOBneOCjOOBp+OBhO
OBpuW8t+WKm+OBquiogOiqnuOBruS4gOOBpOOBp+OBmeOAgg=='

>>> base64.b64decode(s)
b'Python \xe3\x81\xaf\xe7\xb0\xa1\xe5\x8d\x98\xe3\x81\xab\xe7\xbf\x92\xe
5\xbe\x97\xe3\x81\xa7\xe3\x81\x8d\xe3\x80\x81\xe3\x81\x9d\xe3\x82\x8c\xe
3\x81\xa7\xe3\x81\x84\xe3\x81\xa6\xe5\xbc\xb7\xe5\x8a\x9b\xe3\x81\xaa\xe
8\xa8\x80\xe8\xaa\x9e\xe3\x81\xae\xe4\xb8\x80\xe3\x81\xa4\xe3\x81\xa7\xe
3\x81\x99\xe3\x80\x82'

>>> base64.b64decode(s).decode()
'Python 超好學，是近來最熱門的程式語言。 '
```

與編碼相同，亦有提供 urlsafe_b64decode() 的方法，請配合使用的編碼方法使用即可。

email

處理電子郵件的資料

本章節要介紹提供解析、建立電子郵件內容、標頭功能的 email 模組。電子郵件中除了文字外，還包含圖片或附加檔案等各式各樣的資料，這是依據 MIME(Multipurpose Internet Mail Extensions) 的規格所實作，MIME 格式的資料很複雜，現在利用 email 模組就可執行 MIME 格式資料的解析、建立。email 模組包含數個子模組，將說明下列項目。

- 解析郵件的訊息 - email.parser
- 管理訊息的資料 - email.message
- 建立 MIME 格式的郵件 - email.mime

解析郵件的訊息 - email.parser

email.parser 模組用以解析郵件的訊息。

Parser()

格式	Parser(_class=email.message.Message, *, policy=policy.compat32)
說明	建立用以解析郵件解析器的建構子

Parser 中提供 2 個種類的解析方法。

Parser 物件的方法

函數名稱	說明	回傳值
parse(fp, headersonly=False)	解析檔案識別子指定之檔案的內容。若 headersonly 為 True，則只解析郵件標頭的部分	email. message. Message
parsestr(text, headersonly=False)	解析設定之字串	email. message. Message

BytesParser 提供類似類別及方法，但其輸入以位元組為主。BytesParser 的方法為 parse() 與 parsebytes() 兩種，使用方法大致相同。

上述四種解析的方法可分別對應至 email 套件的四個方法。

- email.message_from_string(s)：類似 Parser().parsestr(s)
- email.message_from_bytes(s)：類似 BytesParser.parsebytes(s)
- email.message_from_file(fp)：類似 Parser().parse(fp)
- email.message_from_binary_file(fp): 類似 BytesParser().parse(fp)

接著利用下面程式示範如何解析 email.txt 範例檔案。

email.txt 範例檔

```
From: takanory@example.com
Subject: test email

This is test.
```

email.parser 的範例

```
>>> import email
>>> import email.parser
>>> parser = email.parser.Parser() — 建立 Parser
>>> with open('email.txt') as f:
...     m = parser.parse(f) — 解析檔案內容
...     type(m)
...     m.items() — 取得標頭
...
<class 'email.message.Message'>
[('From', 'takanory@example.com'), ('Subject', 'test email')]

>>> with open('email.txt') as f:
...     s = f.read()
...     m = email.message_from_string(s) — 解析字串
...     m.items()
...
[('From', 'takanory@example.com'), ('Subject', 'test email')]
```

管理訊息的資料 - email.message

email.message 模組提供郵件資料管理的類別，用以表示郵件的物件 email.message.Message 一般會由 email.parser 或 email.mimi 建立。

Message 物件的方法

函數名稱	說明	回傳值
as_string()	回傳完整訊息之字串	str
as_bytes()	回傳完整訊息之位元組	bytes
is_multipart()	當郵件包含多種資料 (Multipart) 時回傳 True	MIME
get_payload(i=None, decode=False)	取得訊息的酬載 (Payload)。若為 Multipart 的情況下會回傳 Message 物件的列表。若設定數值給 i, 則會回傳指定位置的酬載	Message 或 str
keys()	回傳標頭的檔案名稱列表	list
items()	回傳標頭檔案名稱與值的 Tuple 列表	list
get(name, failobj=None)	取得 name 所設定之標頭值，若不存在則回傳 failobj 所設定之內容	str
get_all(name, failobj=None)	取得所有 name 所設定之標頭值，並以列表回傳	list

email.message 的範例程式

```
>>> import email
>>> f = open('email.txt')
>>> msg = email.message_from_file(f)
>>> type(msg)

>>> msg.is_multipart() ── 確認 multipart
False

>>> msg.get_payload() ── 取得 payload（酬載）
'This is test email message.\n'

>>> msg.keys() ── 取得標題列表
['Subject', 'From', 'To']
```

```
>>> msg.get('From')  取得 From 的值
'spam@example.com'

>>> msg.as_string()  取得訊息完整字串
'Subject: test message\nFrom: spam@example.com\nTo: ham@example.com\n\n
This is test email message.\n'
```

建立 MIME 格式的郵件 - email.mime

email.mime 模組可用以建立 MIME 格式的郵件，其提供各種訊息操作的類別。

multipart.MIMEMultipart 類別

格式	class multipart.MIMEMultipart(_subtype='mixed', boundary=None, _subparts=None, **_params)
說明	用以操作 Multipart 型態 MIME 訊息之類別的建構子
參數	• _subtype – 設定內容類型的子類型，預設為 mixed • boundary – 設定各訊息的 Boundary 字串，預設情況下可建立任意文字列

application.MIMEApplication 類別

格式	class application.MIMEApplication(_data, _subtype='octet-stream', _encoder=email.encoders.encode_base64, **_params)
說明	用以操作應用程式資料 (application/_subtype) 的 MIME 訊息之類別建構子
參數	• _data – 以位元組傳遞應用程式資料 • _subtype – 設定內容類型的子類型 (gzip、pdf 等), 預設為 octet-stream • _encoder – 設定編碼資料的函數

audio.MIMEAudio 類別

格式	class audio.MIMEAudio(_audiodata, _subtype=None, _encoder=email.encoders.encode_base64, **_params)
説明	用以操作聲音資料 (audio/_subtype) 的 MIME 訊息之類別建構子
參數	• _audiodata – 以位元組傳遞聲音資料 • _subtype – 設定內容類型的子類型 (wav、mpeg 等) • _encoder – 設定編碼資料的函數

image.MIMEImage 類別

格式	class image.MIMEImage(_imagedata, _subtype=None, _encoder=email.encoders.encode_base64, **_params)
説明	用以操作圖片資料 (image/_subtype) 的 MIME 訊息之類別建構子
參數	• _imagedata – 以位元組傳遞圖片資料 • _subtype – 設定內容類型的子類型 (jpg、png 等) • _encoder – 設定編碼資料的函數

text.MIMEText 類別

格式	class text.MIMEText(_text, _subtype='plain', _charset=None)
説明	用以操作文字資料 (text/_subtype) 的 MIME 訊息之類別建構子
參數	• _text – 以位元組傳遞文字資料 • _subtype – 設定內容類型的子類型 (html、xml 等), 預設為 plain • _charset – 設定編碼資料的函數

下面程式建立包含圖片等 Multipart 格式的訊息，相關檔案已預先準備在程式執行的目錄中。

email.mime 的範例程式

```
>>> from email.mime.image import MIMEImage
>>> from email.mime.multipart import MIMEMultipart
>>> from email.mime.text import MIMEText
>>> from email.mime.application import MIMEApplication
>>> message = MIMEMultipart() ── 建立 Multipart 的訊息
>>> with open('sample.html', 'r') as f: ── 建立文字資料
...     text = MIMEText(f.read(), _subtype='html')
```

```
...
>>> message.attach(text) ─ 將訊息加上文字
>>> with open('sample.jpg', 'rb') as f: ─ 將訊息加上圖片資料
...     image = MIMEImage(f.read(), _subtype='jpg')
...
>>> message.attach(image)
>>> with open('sample.pdf', 'rb') as f: ─ 將訊息加上應用程式資料
...     app = MIMEApplication(f.read(), _subtype='pdf')
...
>>> message.attach(app)
>>> message.is_multipart() ─ 確認 Multipart 格式
True

>>> for payload in message.get_payload(): ─ 取得 payload（酬載）
...     type(payload) ─ 確認類別
...     payload.get_content_type() ─ 取得內容類別
...
<class 'email.mime.text.MIMEText'>
'text/html'
<class 'email.mime.image.MIMEImage'>
'image/jpg'
<class 'email.mime.application.MIMEApplication'>
'application/pdf'
```

9

MEMO

10

操作 HTML/XML

HTML/XML 是重要的網路技術，本章將介紹 Python 中操作 HTML 與 XML 的函式庫及第三方套件，也會說明 Web 頁面的資料採集或修改 HTML 的方法。本篇大家會認識到各函式庫、第三方套件間的差異，請好好了解各自的特徵並依據用途使用。

xml.etree.ElementTree

解析 XML

這裡說明提供解析 XML 的 xml.etree.ElementTree 模組。XML 除應用於 XHTML 或 RSS 中，亦作為開放資料的 XML 格式，例如用以提供氣象資料，在今日已被廣為使用。

使用 xml.etree.ElementTree 可執行 XML 的建立與解析，下面將說明解析的功能。

解析 XML 並建立樹狀結構

這裡要示範解析底下這個 XML 檔。

sample.xml

```
<?xml version="1.0" encoding="UTF-8"?>
<weather>
  <local_weather name="Tokyo">
    <condition>Sunny</condition>
    <temperature>25</temperature>
    <humidity>47</humidity>
  </local_weather>
  <local_weather name="Kanagawa">
    <condition>Cloudy</condition>
    <temperature>26</temperature>
    <humidity>38</humidity>
  </local_weather>
</weather>
```

解析 XML 並取得資訊

```
>>> import xml.etree.ElementTree as et

>>> tree = et.parse('sample.xml')

搜尋元素 local_weather, 並取得第一個
>>> tokyo = tree.find('./local_weather')
>>> tokyo.tag ── 取得元素名稱
'local_weather'

>>> tokyo.attrib ── 取得屬性列表
{'name': 'Tokyo'}

>>> tokyo.get('name') ── 取得指定屬性的值
'Tokyo'

>>> tokyo_condition = tokyo.find('./condition') ── 從 local_weather 搜尋
>>> tokyo_condition.tag
'condition'

>>> tokyo_condition.text
'Sunny'
```

從樹狀結構取得目標資訊是基本的使用方法，上面程式中，為了取得 'Sunny' 使用了兩次 find()，透過下面方式可一次就到達該層級。

執行深度搜尋

```
>>> kanagawa_condition = tree.find('./local_weather[@name="Kanagawa"]/
condition')
>>> kanagawa_condition.text
'Cloudy'
```

find() 方法當搜尋到第一個符合元素時即停止，若要找出所有符合的元素，可以如下範例使用 findall() 方法。

使用 findall() 搜尋

```
>>> elements = tree.findall('./local_weather')
>>> for element in elements:
...     element.attrib ─ 以字典方式取得元素屬性
...
{'name': 'Tokyo'}
{'name': 'Kanagawa'}
```

xml.etree.ElementTree.parse()

格式	xml.etree.ElementTree.parse(source, parser=None)
說明	執行 XML 解析並建立樹狀結構
參數	• source – 設定解析目標的檔案名稱或檔案物件
回傳值	ElementTree 物件

xml.etree.ElementTree.find()

格式	xml.etree.ElementTree.find(match, namespaces=None)
說明	從樹狀結構中搜尋元素，找到時回傳 Element 實體，搜尋到第一個後即停止
參數	• match – 設定搜尋樹狀結構之路徑
回傳值	Element 物件

match 參數中可以 XPath[註1] 設定搜尋之元素。

xml.etree.ElementTree.findall()

格式	xml.etree.ElementTree.findall(match, namespaces=None)
說明	從樹狀結構中搜尋元素，找到時回傳 Element 實體列表
參數	• match – 設定搜尋樹狀結構之路徑
回傳值	Element 物件

註1 http://www.w3.org/TR/xpath/

lxml

快速解析大量 XML/HTML

版本	3.4.4
官方文件	http://lxml.de/index.html#documentation
PyPI	https://pypi.python.org/pypi/lxml
原始碼	https://launchpad.net/lxml

這裡要説明與「P10-1 頁 解析 XML - ElementTree」的 xml.etree.ElementTree 相同，也是提供 XML 解析功能的 lxml 套件。lxml 可提供高速的處理，因此其優點是可用以處理大量資料或檔案的解析。

與 xml.etree.ElementTree 差異在於，藉由控制解析器的動作，其操作點為非標準格式 XML(non-formed XML)。其也可用於 HTML 的解析器。

lxml 的安裝

lxml 的安裝方式如下。

lxml 的 pip 安裝

```
$ pip install lxml
```

此外在 Linux OS 中須有 libxml2 與 libxslt，以 Ubuntu 14.10 為例，導入相依函式庫的步驟如下。

lxml 相依函式庫的安裝

```
sudo apt-get install libz-dev libxml2-dev libxslt1-dev
```

解析非標準格式的 XML

lxml 可決定解析 XML 時的操作以作更細節的控制。這裡要示範解析底下這個 broken.xml 檔。broken.xml 中最後的結束標籤不是 </local_weather>, 因此這文件不是標準格式。

broken.xml

```
<?xml version="1.0" encoding="UTF-8"?>
<weather>
  <local_weather name="Tokyo">
    <condition>Sunny</condition>
    <temperature>25</temperature>
    <humidity>47</humidity>
</weather>
```

解析 broken.xml 的範例程式如下。

讀取 broken.xml

```
>>> from lxml import etree
>>> tree = etree.parse('broken.xml')  ← 送出指令後會出現錯誤
Traceback (most recent call last):
- 省略 -
lxml.etree.XMLSyntaxError: Opening and ending tag mismatch:
local_weather line 3 and weather, line 7, column 11

>>> parser = etree.XMLParser(recover=True)
>>> tree = etree.parse('broken.xml', parser)  ← 設定解析器
>>> tree.find('./local_weather').attrib
{'name': 'Tokyo'}
```

lxml.etree 大多數界面都與 xml.etree.ElementTree 有互換性，因此這邊省略了「P10-2 頁 解析 XML - ElementTree」說明過的內容。

如上面程式範例所示，若直接以預設方式使用 parse() 方法，會導致解析 broken.xml 失敗。要調整解析器的操作時，可以使用 XMLParser 類別，將該類別的參數 recover 設定為 True 再使用於 parse() 中，解析就會成功了。

lxml.etree.XMLParser 類別

格式	class lxml.etree.XMLParser(self, encoding=None, attribute_defaults=False, dtd_validation=False, load_dtd=False, no_network=True, ns_clean=False, recover=False, XMLSchema schema=None, remove_blank_text=False, resolve_entities=True, remove_comments=False, remove_pis=False, strip_cdata=True, collect_ids=True, target=None, compact=True)
說明	執行 XML 解析。操作非標準格式的 XML
參數	• recover – True 時，表示不是標準格式，會嘗試以非標準格式 (non well-form)XML 進行解析 • remove_blank_text – True 時，排除標籤間的空白或換行 • remove_comments – True 時，排除 <!-- Comments -->
回傳值	XMLParser 物件

解析 HTML

lxml 中亦提供 HTML 解析的 lxml.etree.HTMLParser 類別。下面從實際 Web 網頁「Python 標準函式庫」(http://docs.python.jp/3.4/library/index.html), 取得標題 (Heading) 列表文字與檔案路徑。

要示範解析的範例

```
<li class="toctree-l1">
  <a class="reference internal" href="intro.html">1. はじめに</a>
</li>
<li class="toctree-l1">
  <a class="reference internal" href="functions.html">2. 組み込み関数</a>
</li>
```

可看到標題第一層中 li 元素都使用 class='toctree-l1', 利用 class='toctree-l1' 取得標題列表的程式如下頁所示。程式中，為了取得 Web 上的 HTML 使用了 urllib 模組，該模組說明請參考「第 9 篇中的　開啟 URL - urllib.request」。

10

取得標題列表

```
>>> import urllib.request
>>> source = urllib.request.urlopen('http://docs.python.jp/3.4/library/
index.html').read()
>>> tree = etree.fromstring(source, etree.HTMLParser())
>>> elements = tree.findall('.//li[@class="toctree-l1"]/a')
>>> for element in elements:
...     print(element.text, element.attrib['href'])
1. はじめに intro.html
2. 組み込み関数 functions.html
3. 組み込み定数 constants.html
4. 組み込み型 stdtypes.html
- 省略 -
```

可取得其標題與檔案路徑之列表。

lxml.etree.HTMLParser 類別

格式	class lxml.etree.HTMLParser(self, encoding=None, remove_blank_text=False, remove_comments=False, remove_pis=False, strip_cdata=True, no_network=True, target=None, XMLSchema schema=None, recover=True, compact=True)

HTMLParser 類別的使用方式大致與 XMLParser 類別相同。

修改 HTML 的內容

接著說明如何使用 lxml 置換 HTML 的元素與內容，下面程式使用 html 模組並解析 HTML。

使用 html 模組並解析 HTML

```
from lxml import html

url = 'http://docs.python.jp/3.4/library/index.html'
tree = html.parse(url).getroot()
div_toctree = tree.find('.//div[@class="toctree-wrapper compound"]/')

print(html.tostring(div_toctree, pretty_print=True, encoding='unicode'))
```

執行上述程式後會輸出下面 HTML 檔案。

解析後的 HTML

```
<ul>
<li class="toctree-l1"><a class="reference internal" href="intro.html">1.
はじめに</a></li>
<li class="toctree-l1"><a class="reference internal" href="functions.html"
>2. 組み込み関数</a></li>
- 省略 -
```

上頁的程式中尚未針對 HTML 進行修改，接著來示範對 HTML 執行下面動作。

- 刪除各元素的 class 屬性
- 對 a 元素的 href 屬性值，置換成 http:// 開始的路徑

修改 HTML 內容

```
from lxml import html

url = 'http://docs.python.jp/3.4/library/index.html'
tree = html.parse(url).getroot()
div = tree.find('.//div[@class="toctree-wrapper compound"]/')

# 刪除class屬性
for tag in div.xpath('//*[@class]'):
    tag.attrib.pop('class')

# 將a元素的href屬性值改為絕對路徑
absolute_url = html.make_links_absolute(div, base_url="http://docs.python
.jp/3.4/library/")

print(html.tostring(absolute_url, pretty_print=True, encoding='unicode'))
```

執行上述程式後會輸出下面 HTML 檔案。

修改後的 HTML 檔案

```
<ul>
<li><a href="http://docs.python.jp/3.4/library/intro.html">1. はじめに</a>
</li>
<li><a href="http://docs.python.jp/3.4/library/functions.html">2. 組み込み
関数</a></li>
<li><a href="http://docs.python.jp/3.4/library/constants.html">3. 組み込み
定数
</a><ul>
- 省略 -
```

lxml.html.make_links_absolute()

格式	lxml.html.make_links_absolute(html, base_href)
説明	修改 a 元素 href 屬性值為絕對路徑
參數	• html – 設定目標的 tree • base_href – 設定基底 URL
回傳值	HtmlElement 物件

beautifulsoup4

更易用的 HTML 解析工具

版本	4.4.0
官方文件	http://www.crummy.com/software/BeautifulSoup/bs4/doc/
PyPI	https://pypi.python.org/pypi/beautifulsoup4
原始碼	https://launchpad.net/beautifulsoup

這裡介紹提供 HTML 解析的 beautifulsoup4 套件。在前面介紹的 lxml 雖也能解析 HTML, 但 beautifulsoup4 能提供更為簡易的操作界面, 常用於抓取網頁內容。此外其與 lxml 不同, 不相依於 libxml2, 因此易於導入也是 beautifulsoup4 優點之一。

舊版的 BeautifulSoup 套件已於 2014 年終止開發, 因此不支援 Python 3, 請使用本章介紹的 beautifulsoup4。

於網路上找到的相關文件可能都是針對 BeautifulSoup, 關於從 BeautifulSoup 轉到 beautifulsoup4 的官方文件可參考「Porting code to BS4」[註1]。

beautifulsoup4 的安裝

beautifulsoup4 的安裝方式如下。

beautifulsoup4 的安裝

```
$ pip install beautifulsoup4
```

註1 http://www.crummy.com/software/BeautifulSoup/bs4/doc/index.html#porting-code-to-bs4

取得 HTML 內元素的資訊

接著要從目標 HTML 中取得指定元素的屬性、屬性值與元素內容。程式中為了從 Web 上取得 HTML 使用 urllib.request，其解說請參考「第 9 篇的開啟 URL - urllib.request」。

取得 HTML 內的元素

```
>>> from bs4 import BeautifulSoup
>>> from urllib import request
>>> html = BeautifulSoup(request.urlopen('https://www.python.org'))
>>> html.title ─ 取得 title 元素
<title>Welcome to Python.org</title>

>>> html.title.text ─ 取得 title 元素的內容
'Welcome to Python.org'

>>> html.h1 ─ 取得 h1 元素
<h1 class="site-headline">
<a href="/"><img alt="python ™ " class="python-logo" src="/static/img/
python-logo.png"/></a>
</h1>

>>> html.find('h1') ─ 與 html.h1 相同取得 h1 元素
<h1 class="site-headline">
<a href="/"><img alt="python ™ " class="python-logo" src="/static/img/
python-logo.png"/></a>
</h1>

>>> html.h1.img ─ 取得 h1 元素子元素的 img 元素
<img alt="python ™ " class="python-logo" src="/static/img/python-logo.png"/>

>>> html.h1.img.attrs ─ 取得 img 元素的屬性與值
{'alt': 'python ™ ',
 'class': ['python-logo'],
 'src': '/static/img/python-logo.png'}

>>> html.h1.img['src'] ─ img 元素的 src 屬性值
'/static/img/python-logo.png'
```

```
>>> html.find(id='back-to-top-1')  ── 以 id 屬性值搜尋元素
<a class="jump-link" href="#python-network" id="back-to-top-1">
<span aria-hidden="true" class="icon-arrow-up"><span> ▲ </span></span>
Back to Top</a>

>>> html.find('li', attrs={'class':'shop-meta'})  ── 以屬性與值的字典搜尋
<li class="shop-meta ">
<a href="/community/" title="Python Community">Community</a>
</li>
```

bs4.BeautifulSoup 類別

格式	class bs4.BeautifulSoup(self, markup='', features=None, builder=None, parse_only=None, from_encoding=None, **kwargs)
說明	解析 HTML
參數	• markup – 解析目標的 HTML • feature – 設定解析器
回傳值	BeautifulSoup 物件

feature 中可設定 'xml'、'html5lib'、'html.parser'。要使用 'xml' 與 'html5lib'，必須先各自安裝套件 lxml、html5lib，'html.parser' 則是使用 Python 標準函式庫 html.parser[註 2]。

BeautifulSoup 物件如 html.h1.img 一樣，依著元素搜尋目標的資訊。可使用如 html.find('h1') 的 find() 方法搜尋元素，但不論哪一種方法，都是找到第一個符合元素後就會停止搜尋，並回傳 Tag 物件。

元素的內容可利用 .text 取得，元素的屬性資訊皆以字典的方式存在 Tag 物件中，利用 .attrs 即可取得屬性與值之值組，亦可如 img['src'] 設定屬性名稱直接取得屬性值。

註 2　http://docs.python.org/3.4/library/html.parser.html

BeautifulSoup.find()

格式	BeautifulSoup.find(name=None, attrs={}, recursive=True, text=None, **kwargs)
說明	搜尋元素，若發現符合之第一個元素即回傳
參數	• name – 作為搜尋條件的元素名稱 • attrs – 作為搜尋條件的元素屬姓名稱與值 • recursive – 若設定為 False, 則只搜尋直接的子節點 • text – 作為搜尋條件的元素內容 (開始標籤與結束標籤間的文字)
回傳值	Tag 物件

若要使用元素名稱以外的資訊搜尋，可自行在 find() 方法參數上使用相關元素資訊搜尋，例如想以 id 屬性的值找到特定元素，則可設定 find(id='ID 名稱 '), 要使用 class 屬性作為條件使用時可用 find(class_='class 名稱 ')。class_ 是為了與 Python 保留字區隔而加上底線。

也可設定 find(' 元素名稱 ', attr={' 屬性名稱 ' : ' 值 '}) 的篩選方法，若使用多個屬性名稱與值的值組，則會以 AND 搜尋執行，find() 方法的第一個參數元素名稱可省略。

取出 HTML 內所有的 URL 連結

P10-12 頁範例程式中的說明搜尋到第一個元素後即結束搜尋，取得單一 Tag 物件的方法。取得 HTML 中符合條件的所有元素的範例程式如下。

取出 URL 列表

```
>>> import re
>>> html = BeautifulSoup(request.urlopen('https://www.python.org'))
>>> url_list = html.find_all('a') — 取得所有的 a 元素
>>> for url in url_list:
...     print(url['href'])
...
#content
#python-network
/
/psf-landing/
https://docs.python.org
```

```
https://pypi.python.org/
- 省略 -

>>> docs_list = html.find_all(href=re.compile('^http(s)?://docs'), limit=2)
>>> for doc in docs_list:
...     print(doc['href'])
...
https://docs.python.org
https://docs.python.org/3.4/license.html
```

要取得數個 Tag 物件時可以使用 find_all()。

BeautifulSoup.find_all()

格式	BeautifulSoup.find_all(name=None, attrs={}, recursive=True, text=None, limit=None, **kwargs)
說明	搜尋元素，取得所有符合條件的元素
參數	• name – 作為搜尋條件的元素名稱 • attrs – 作為搜尋條件的元素屬姓名稱與值 • recursive – 若設定為 False, 則只搜尋直接的子節點 • text – 作為搜尋條件的元素內容 (開始標籤與結束標籤間的文字) • limit – 設定搜尋到多少個符合條件元素時要停止搜尋
回傳值	Tag 物件列表

find_all() 方法回傳符合條件的 Tag 物件列表。

取出文字

10

若要從 HTML 中取出不含標籤，單純只有內含的文字時，可以使用 get_text()。

只取出文字

```
>>> html = BeautifulSoup(request.urlopen('https://www.python.org'))
>>> tag = html.find('div', attrs={'id': 'nojs'})
>>> tag
<div class="do-not-print" id="nojs">
<p><strong>Notice:</strong> While Javascript is not essential for this
website, your interaction with the co:ntent will be limited. Please turn
Javascript on for the full experience. </p>
```

```
</div>

>>> print(tag.get_text(strip=True))
Notice: While Javascript is not essential for this website, your
interaction with the content will be limited. Please turn Javascript on
for the full experience.

>> print(tag.get_text(separator='-- '))
-- Notice:-- While Javascript is not essential for this website, your
interaction with the content will be limited. Please turn Javascript on
for the full experience. --
```

BeautifulSoup.get_text()

格式	BeautifulSoup.get_text(separator='', strip=False, types=(<class 'bs4.element.NavigableString'>, <class 'bs4.element.CData'>))
說明	從樹中取出文字部分
參數	• separator – 設定標籤間內容區隔之符號
回傳值	取出文字部分

調整 HTML 並輸出

使用 prettify() 則可調整 HTML 並輸出。

調整 HTML 並輸出

```
>>> print(html.h1)   ← 一般的輸出
<h1 class="site-headline">
<a href="/"><img alt="python ™ " class="python-logo" src="/static/img/
python-logo.png"/></a>
</h1>

>>> print(html.h1.prettify())   ← 使用 prettify()
<h1 class="site-headline">
 <a href="/">
  <img alt="python ™ " class="python-logo" src="/static/img/python-logo.
png"/>
 </a>
</h1>
```

```
>>> print(html.h1.a.prettify(format='html')) ─ 以實體參考輸出特殊文字
<a href="/">
 <img alt="python&trade;" class="python-logo"
src="/static/img/python-logo.png"/>
</a>
```

置換 HTML 內容

beautifulsoup4 提供簡單置換 HTML 內容的方法，針對 Tag 物件可執行的方法如下列表。

置換 HTML 常使用的方法

方法名稱	說明
insert(position, new_child)	將 new_child 的內容插入 position 的位置
replace_with(new_tag)	將標籤以 new_tag 置換
clear()	去除元素內容，剩下標籤
decompose()	從樹中移除標籤，連同標籤子元素一起
extract()	從樹中移除標籤，並將移除之標籤作為回傳值
wrap(wrapper_tag)	對標籤使用 wrapper_tag 包裝

置換 HTML 的範例

```
>>> html = BeautifulSoup(request.urlopen('https://www.python.org'))
>>> html.h1 ─ 取得 h1 元素
<h1 class="site-headline">
<a href="/"><img alt="python ™ " class="python-logo"
src="/static/img/python-logo.png"/></a>
</h1>

>>> html.h1.insert(0, 'ham')
>>> html.h1 ─ 在 h1 開始標籤的後面插入字串 ham
<h1 class="site-headline">ham
<a href="/"><img alt="python ™ " class="python-logo"
src="/static/img/python-logo.png"/></a>
</h1>
```

```
>>> html.h1.insert(3, 'egg') ── 依據 position 的值改變插入位置
>>> html.h1 ── 在 h1 結束標籤前插入 egg
<h1 class="site-headline">ham
<a href="/"><img alt="python ™ " class="python-logo"
src="/static/img/python-logo.png"/></a>egg
</h1>

>>> new_tag = html.new_tag('span') ── 建立 span 標籤
>>> new_tag.string = 'ham egg' ── 設定 span 的內容
>>> html.h1.img.replace_with(new_tag) ── 換成 img 標籤
<img alt="python ™ " class="python-logo" src="/static/img/python-logo.png"/>

>>> html.h1 ── 將 img 換成 span
<h1 class="site-headline">ham
<a href="/"><span>ham egg</span></a>egg
</h1>

>>> html.h1.span.clear() ── 移除 span 元素的內容
>>> html.h1
<h1 class="site-headline">ham
<a href="/"><span></span></a>egg
</h1>

>>> html.h1.span.decompose() ── 移除 span 標籤
>>> html.h1
<h1 class="site-headline">ham
<a href="/"></a>egg
</h1>

>>> html.h1.a.extract() ── 取出 a 標籤
<a href="/"></a>

>>> html.h1 ── 從取出的樹中移除
<h1 class="site-headline">ham
egg
</h1>

>>> wrapper_tag = html.new_tag('div') ── 建立包裝用的標籤
>>> wrapper.attrs['class'] = 'wapper'
>>> html.h1.wrap(wrapper_tag) ── 執行包裝
<div class="wapper"><h1 class="site-headline">ham
egg
</h1></div>
```

11

測試與除錯

測試可以確保程式品質，以系統化方法發現 Bug，此作業在程式開發是非常重要的。本篇將說明 Python 中的測試與除錯方法。

pydoc

建立說明文件與線上協助 (On-line Help) 系統

這裡要介紹可從程式註解自動建立說明文件的 pydoc 模組，所建立之文件會以文字格式顯示於控制台 (Console), 並以 HTML 檔案儲存，在 HTTP 伺服器啟動後就可透過 Web 瀏覽器提供說明文件的瀏覽。

確認模組的說明文件

若在 Python 直譯器上輸入「help()」，就會在交談式的直譯器上啟動線上協助。

在 Python 直譯器上查看 help 文件

```
>>> help()
...

輸入想要確認之模組說明文件 ( 此處查詢 string 模組 )
help> string

以 UNIX man 的方式顯示說明文件
Help on module string:

NAME
    string - A collection of string constants.

MODULE REFERENCE
    http://docs.python.org/3.4/library/string
...

輸入 q 就可離開 help 模式
help> q

>>>
```

若使用 pydoc, 就可在命令列上使用相同的功能。

pydoc 指令的執行範例

```
$ pydoc string
$ pydoc string.Formatter
```

使用 "." 區隔也可參照類別、方法、函數的 help 資訊

撰寫模組的說明文件

Pydoc 可將 Python 程式碼中撰寫的資訊自動產生說明文件，接著來確認一下實際上是如何從程式中產生文件的。

說明文件建立目標：sample_module.py

```
"""
撰寫模組相關註解
"""

__author__ = "Python太郎 <sample@sample.com>"
__version__ = "0.0.1"

class SampleClass(object):
    """
    撰寫類別相關註解
    """
    def sample_method(self, sample_param):
        """
        撰寫方法相關註解

        :param str sample_param: 撰寫參數相關註解
        """
        pass
```

範例中 __author__ 和 __version__ 等描述，表示模組相關的 meta 資訊。若用 pydoc 指令執行「sample_module.py」會生成如下的文件，當然該文件也可從 Python 直譯器上使用 help() 加以確認。

對 sample_module.py 執行 pydoc

```
Help on module sample_module:

NAME
    sample_module - 撰寫模組相關註解

CLASSES
    builtins.object
        SampleClass

    class SampleClass(builtins.object)
     |  撰寫類別相關註解
     |
     |  Methods defined here:
     |
     |  sample_method(self, sample_param)
     |      撰寫方法相關註解
     |
     |      :param str sample_param: 撰寫參數相關註解
     |
     |  ----------------------------------------------------------------------
     |  Data descriptors defined here:
     |
     |  __dict__
     |      dictionary for instance variables (if defined)
     |
     |  __weakref__
     |      list of weak references to the object (if defined)

VERSION
    0.0.1

AUTHOR
    Python 太郎 <sample@sample.com>

FILE
    /path/to/sample_module.py
```

以 HTML 產生模組說明文件

若在 pydoc 指令的參數設定 -w 選項，就會在當前目錄產生 HTML 文件。

html 的輸出

```
$ pydoc -w sample_module
wrote sample_module.html
```

說明文件的內容

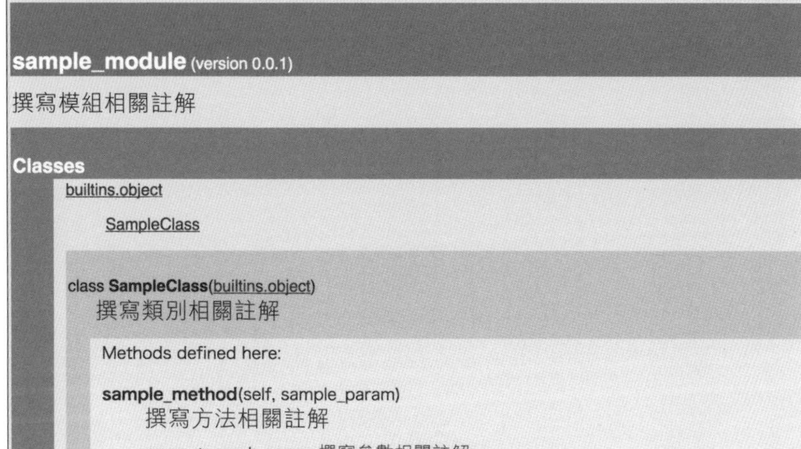

啟動 HTTP 伺服器從 Web 瀏覽器確認說明文件

在 pydoc 指令輸入 -p 選項與埠號，可以啟動區域端瀏覽說明文件的 HTTP 伺服器。

於埠號 1234 啟動 HTTP 伺服器

```
$ pydoc -p 1234
Server ready at http://localhost:1234/
Server commands: [b]rowser, [q]uit
server>
```

從任意的瀏覽器存取 http://localhost:1234 就可以看到說明文件。

Python 的說明文件

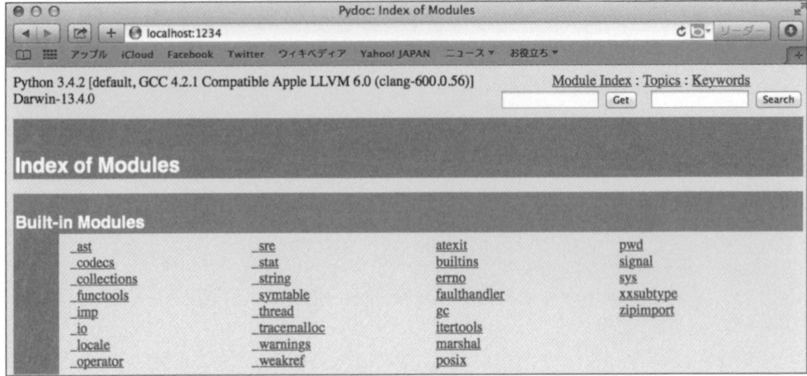

doctest

建立交談式的測試程式

這裡說明可建立交談式測試程式的 doctest 模組，建立好的程式就很像 Python 直譯器這樣的交談型式。可以撰寫執行內容以及預期之結果，有助於使用者對於該程式的理解。

建立 doctest

doctest 只要將模組載入，然後執行 doctest.testmod() 就可以使用。若執行 doctest, 就會依照程式註解中 Python 交談式測試範例的描述執行。具體而言，以「>>>」、「…」開頭撰寫 Python 程式，其下則是撰寫期待輸出之結果（下個「>>>」行到空白行都會作為輸出結果）。若想在輸出結果加入空行，可插入 <BLANKLINE>。

Python 程式中嵌入 doctest 的範例 :sample_doctest.py

```
"""
給予參數會執行a/b的函數
>>> div(5, 2)
2.5
"""


def div(a, b):
    """
    答案會以小數回傳
    >>> [div(n, 2) for n in range(5)]
    [0.0, 0.5, 1.0, 1.5, 2.0]
    """


    return a / b

if __name__ == "__main__":
    import doctest
    doctest.testmod()
```

11

執行上面 Python 程式會得到下面結果。

在命令列執行 sample_doctest.py

```
$ python sample_doctest.py
$
```

什麼都沒有輸出，這是表示所有的測試範例都正常執行的意思，若要看詳細的 log, 可在執行時加上 -v 參數。

輸出詳細 log

```
$ python sample_doctest.py -v
Trying:
    div(5, 2)
Expecting:
    2.5
ok
Trying:
    [div(n, 2) for n in range(5)]
Expecting:
    [0.0, 0.5, 1.0, 1.5, 2.0]
ok
2 items passed all tests:
   1 tests in __main__
   1 tests in __main__.div
2 tests in 2 items.
2 passed and 0 failed.
Test passed.
```

doctest 亦可操作例外錯誤情況，當例外發生時的期待輸出須輸出回溯標題 (「Traceback(most recent call last):」或「Traceback (innermostlast):」)。

doctest 例外的範例

```
def div(a, b):
    """

    ...

    若第2個參數為0, 則發生除零錯誤
    >>> div(1, 0)
```

```
Traceback (most recent call last):
  File "<stdin>", line 1, in <module>
  File "<stdin>", line 2, in div
ZeroDivisionError: division by zero
"""
...
```

如上所示，回溯標題後接續回溯堆疊資訊也沒問題，但 doctest 時會無視該內容。以說明文件的瀏覽而言，該資訊在文件上不是明顯有用的資訊，因此將回溯堆疊省略可能比較好。

省略回溯堆疊的範例

```
def div(a, b):
    """
    ...

    若第2個參數為0, 則發生除零錯誤
    >>> div(1, 0)
    Traceback (most recent call last):
        ...
    ZeroDivisionError: division by zero
    """
    ...
```

此外，doctest 模組可從標準函式庫直接執行，用 Python 直譯器執行下方指令即可。

從標準函式庫直接執行 doctest

```
$ python -m doctest -v sample_doctest.py
```

執行 txt 檔中的測試範例

接著使用 doctest 執行以 Python 撰寫的測試檔案，測試程式的寫法與 docstring 的方式相同。

sample_doctest.txt

```
div模組
======================
導入div模組

   >>> from sample import div

 函數測試如下方式撰寫

   >>> div(6, 2)
   4.0
```

執行單元測試時使用 testfile() 函數，如下所示。

sample_pydoc2.py

```
import doctest
doctest.testfile("sample_doctest.txt")
```

執行上面程式後會輸出下面結果。

sample_pydoc2.py 的執行結果

```
$ python sample_pydoc2.py
**********************************************************************
File "sample_doctest.txt", line 9, in sample.txt
Failed example:
    div(6, 2)
Expected:
    4.0
Got:
    3.0
**********************************************************************
1 items had failures:
   1 of   2 in sample.txt
***Test Failed*** 1 failures.
```

由於 sample_doctest.txt 中期待值與執行結果有差異，因此測出有一個地方測試失敗。

unittest

單元測試框架

這裡介紹 Python 標準的單元測試框架 unittest，其可說是 Java 測試框架 JUnit[註1] 的 Python 版。unittest 提供自動化測試、測試分類、測試執行與結果報表的分離等功能。

建立測試並執行

測試案例以 unittest.TestCase 的子類別建立，只要是名稱是 test 開頭的方法，就是測試會執行的方法，測試執行器（Test Runner）會依照這個命名規則搜尋要執行的方法。

測試範例：sample_unittest.py

```
import unittest

class TestSample(unittest.TestCase):
    def test_upper(self):
        self.assertEqual('foo'.upper(), 'FOO')

if __name__ == '__main__':
    unittest.main()
```

執行上面程式會看到下面結果。

sample_unittest.py 的執行結果

```
$ python sample_unittest.py
.
----------------------------------------------------------------------
Ran 1 test in 0.001s

OK
```

註1 http://junit.org/

上面程式可改寫如下，以確認測試失敗的案例。

測試失敗的範例 :sample_unittest.py

```
import unittest

class TestSample(unittest.TestCase):
  def test_upper(self):
      self.assertEqual('foo'.upper(), 'Foo')

if __name__ == '__main__':
    unittest.main()
```

sample_unittest.py 的執行

```
$ python sample_unittest.py
F
======================================================================
FAIL: test_upper (__main__.TestSample)
----------------------------------------------------------------------
Traceback (most recent call last):
  File "sample_unittest.py", line 5, in test_upper
    self.assertEqual('foo'.upper(), 'Foo')
AssertionError: 'FOO' != 'Foo'      FOO
+ Foo

----------------------------------------------------------------------
Ran 1 test in 0.001s

FAILED (failures=1)
```

從上面的執行結果可確認測試失敗。

撰寫各種條件與記錄失敗

unittest.TestCase 類別支援測試執行器執行測試的界面、各種確認以及記錄測試失敗的方法。

接下來使用所展示的方法，撰寫執行測試前後的處理 (setUp/tearDown)。

定義執行測試前後的處理

方法	説明
setUp()	用以準備測試環境狀態 (Test Fixtures) 的方法，在執行測試方法前呼叫
tearDown()	執行測試方法後呼叫，此方法不論測試結果如何，只有在 setUp() 成功時呼叫
setUpClass()	執行類別內定義的測試方法前所呼叫的類別方法，該方法傳入唯一參數並被標上修飾器 (Decorator)classmethod()
tearDownClass()	執行類別內定義的測試方法後所呼叫的類別方法，該方法傳入唯一參數並被標上修飾器 classmethod()

例如使用 setUp() 方法可撰寫下面初始化的處理。

初始化處理

```
class TestSample(unittest.TestCase):
    def setUp(self):
        self.target = 'foo'

    def test_upper(self):
        self.assertEqual(self.target.upper(), 'FOO')
```

可用 unittest.TestClass 類別的 assert 方法執行各種狀況之測試，代表的 assert 方法如下。

代表的 assert 方法

方法	測試內容
assertEqual(a, b)	a == b
assertNotEqual(a, b)	a == b
assertTrue(x)	bool(x) is True
assertFalse(x)	bool(x) is False
assertIs(a, b)	a is b
assertIsNot(a, b)	a is not b
assertIsNone(x)	x is None

方法	測試內容
assertIsNotNone(x)	x is not None
assertIn(a, b)	a in b
assertNotIn(a, b)	a not in b
assertIsInstance(a, b)	isinstance(a, b)
assertNotIsInstance(a, b)	not isinstance(a, b)

跳過測試刻意執行失敗

使用 Python 的修飾器，可撰寫跳過修飾的測試刻意執行失敗的處理。

撰寫跳過修飾的測試刻意執行失敗時的修飾器

修飾器	說明
@unittest.skip(reason)	無條件跳過測試，reason 中撰寫跳過之原因
@unittest.skipIf(condition,reason)	condition 為真時，跳過測試
@unittest.skipUnless(condition,reason)	condition 為假時，跳過測試
@unittest.expectedFailure	表示為刻意測試失敗，因此該測試即使失敗也不會納入失敗計算中

實際跳過測試的案例如下。

跳過測試

```
class TestSample(unittest.TestCase):
    @unittest.skip("跳過此測試")
    def test_upper(self):
        self.assertEqual('foo'.upper(), 'FOO')

if __name__ == '__main__':
    suite = unittest.TestLoader().loadTestsFromTestCase(TestSample)
    unittest.TextTestRunner(verbosity=2).run(suite)
```

上面程式為了能易於瞭解測試跳過之處理，將 unittest.main() 改寫以顯示更詳細的測試結果，此程式執行後會得到下面結果。

詳細的測試結果輸出

```
$ python sample_unittest.py
test_upper (__main__.TestSample) ... skipped '跳過此測試'

----------------------------------------------------------------------
Ran 1 test in 0.000s

OK (skipped=1)
2
```

利用命令列界面

此外，可從命令列使用 unittest, 如下範例。

從命令列使用 unittest

```
python -m unittest test_module1 test_module2
    └── 執行特定模組定義的測試
python -m unittest test_module.TestClass
    └── 執行特定類別定義的測試
python -m unittest test_module.TestClass.test_method
    └── 執行特定方法定義的測試
```

命令列界面中可使用的選項如下表。

unittest 的命令列選項

選項	說明
-b, --buffer	標準輸出與標準錯誤的串流在測試期間將被放入緩衝
-c, --catch	Control-C 在執行測試時會等待目前測試結束並回報目前為止所有結果，第二次的 Control-C 通常會發出 KeyboardInterrupt 的例外
-f, --failfast	當第一次錯誤或失敗時即停止測試

unittest.mock

使用 Mock 執行單元測試

這裡說明提供軟體測試模擬物件的 unittest.mock。

所謂 mock 是相依於測試的物件，以相同介面的虛擬物件取代的機制。使用 unittest.mock 取代的模擬物件中，可設定呼叫時回傳值的設定或例外的發生等。藉由使用 mock，不論是須呼叫外部 API 或是需連結資料庫等造成測試困難的環境，現在都可不用相依於外界而執行測試。

例如考慮下面的狀況，想要執行函數 my_processing() 的單元測試，但其相依於外部 API「OutsideAPI」。

相依外部 API 的函數單元測試 :sample_processing.py

```
#任一外部API
class OutsideAPI:
    def do_something(self):
        return '外部API的執行結果'

#單元測試想要執行的處理
def my_processing():
    api = OutsideAPI()
    return api.do_something() + '作了某些事情'

if __name__ == "__main__":
    print(my_processing())
```

sample_processing.py 執行結果

```
$ python sample_processing.py
外部 API 的執行結果作了某些事情
```

接著使用 unittest.mock，說明如何使用模擬物件 (Mock Object) 取代外部 API OutsideAPI 中的處理，一直到執行 my_processing() 函數單元測試。

製作模擬物件並設定回傳值與例外 - MagicMock

使用 unittest.mock.MagicMock 類別可以簡單的建立模擬物件，範例中將建立該模擬物件以取代上面定義的外部 API OutsideAPI 的處理。

使用模擬物件取代外部 API OutsideAPI 中的 do_something() 處理

```
>>> from sample_processing import OutsideAPI
>>> from unittest.mock import MagicMock

建立外部 API OutsideAPI 中 do_something() 函數的模擬物件
>>> api = OutsideAPI()
>>> api.do_something = MagicMock()
>>> api.do_something
<MagicMock id='4372473280'>

設定 do_something 函數的回傳值
>>> api.do_something.return_value = " 使用模擬物件取代的結果 "
>>> api.do_something()
" 使用模擬物件取代的結果 "

也可設定函數的例外
>>> api.do_something.side_effect = Exception(" 設定例外 ")
>>> api.do_something()
Traceback (most recent call last):
  ...
Exception: 設定例外
```

從上面可以確認已用模擬物件取代外部 API 的處理。

以模擬取代類別與方法 - patch

想用模擬物件取代特定類別與方法時，可利用 patch 修飾器 / 環境管理員 (Context Manager), 這邊實際上是以模擬取代相依於外部 API 的處理。

使用修飾器

用 patch 的參數設定置換的目標，測試的參數傳入用以置換的模擬物件。

利用修飾器，以模擬物件取代相依 API OutsideAPI 的處理 :test_sample_processing1.py

```
from sample_processing import my_processing
from unittest.mock import patch
import unittest

class TestMyClass(unittest.TestCase):
    #使用修飾器並以APIMock取代OutsideAPI
    @patch('sample_processing.OutsideAPI')
    def test_my_processing(self, APIMock):
        api = APIMock()
        api.do_something.return_value = '用模擬物件取代的結果'

        #以模擬取代相依處理後執行my_processing()的處理
        assert my_processing() == '使用模擬置換結果執行某些事情'

if __name__ == "__main__":
    unittest.main()
```

test_sample_processing1.py 的執行結果

```
$ python sample_processing1.py
.
----------------------------------------------------------------------
Ran 1 tests in 0.001s

OK
```

使用環境管理員

使用 with 語法，可用模擬物件取代特定類別與方法，在此情況下，patch 就只能用於 with 語法區塊內。

利用環境管理員，以模擬物件取代相依 API OutsideAPI 的處理 :test_sample_processing2.py

```
from sample_processing import my_processing
from unittest.mock import patch
import unittest

class TestMyClass(unittest.TestCase):
    #使用環境管理員並以APIMock取代OutsideAPI
    def test_my_processing(self):
        with patch('sample_processing.OutsideAPI') as APIMock:
            api = APIMock()
            api.do_something.return_value = '用模擬物件取代的結果'

            #以模擬取代相依處理後執行my_processing()的處理
            assert my_processing() == '使用模擬置換結果執行某些事情'

        #離開with語法後不適用patch
        assert my_processing() == '使用外部API執行結果執行某些事情'

if __name__ == "__main__":
    unittest.main()
```

test_sample_processing2.py 的執行結果

```
$ python sample_processing2.py
.
----------------------------------------------------------------------
Ran 1 tests in 0.001s

OK
```

確認模擬物件是否有呼叫 - MagicMock.assert_called_with

MagicMock 中提供用以確認模擬物件是否有被呼叫並發出斷言 (Assertion) 的方法，對執行單元測試時非常方便。

確認模擬物件是否有被呼叫

```
>>> from unittest.mock import MagicMock
>>> api = OutsideAPI()
>>> api.do_something = MagicMock()
>>> api.do_something.return_value = ' 模擬物件置換的結果 '

確認 do_something 是否被呼叫 1 次以上
若無被呼叫 1 次以上則發出 AssertionError
>>> api.do_something.assert_called_with()
Traceback (most recent call last):
  ...
  raise AssertionError(...)
AssertionError: Expected call: mock()
Not called
>>> api.do_something() ── 第 1 次呼叫
' 使用模擬置換結果 '
>>> api.do_something.assert_called_with()
>>>

確認方法是否只會被呼叫 1 次
>>> api.do_something.assert_called_once_with()
>>>
>>> api.do_something() ── 第 2 次呼叫
' 使用模擬置換結果 '
>>> api.do_something.assert_called_once_with()
Traceback (most recent call last):
  ...
  raise AssertionError(msg)
AssertionError: Expected 'mock' to be called once. Called 2 times.
```

MagicMock 與 Mock 的差異

Column

unittest.mock 模組中提供 MagicMock 與 Mock 兩個模擬物件，MagicMock 為 Mock 的子類別，可支援 Mock 類別所有功能以及 Python 所有特殊方法，請參考下面範例。

MagicMock 與 Mock 的使用範例比較

```
>>> from unittest.mock import Mock, MagicMock

##################################
# MagicMock 的使用範例
##################################

>>> mock = MagicMock()
>>> mock.return_value = 1.0

支援原有的特殊方法
>>> int(mock)
1

##################################
# Mock 的使用範例
##################################

>>> mock = Mock()

對特殊的方法 Mock 需先準備
>>> mock.__float__ = Mock(return_value=1.0)

只定義 __float__, 因此發生錯誤
>>> int(mock)
Traceback (most recent call last):
  ...
TypeError: int() argument must be a string, a bytes-like object or a
number, not 'Mock'

若想使用 int(), 則也需定義特殊方法 __int__
>>> mock.__int__ = Mock(return_value=1)
>>> int(mock)
1
```

若沒有特殊理由，請使用 MagicMock 吧！

pdb

交談式的除錯模組

這裡介紹提供 Python 程式交談式除錯的 pdb。透過 pdb 模組，可在程式執行途中查看變數內容，以找出錯誤發生時的原因。雖然以 PyCharm 為代表提供了 Python 整合開發環境一個豐富的除錯功能，但使用 pdb 亦可執行除錯。

具代表性的除錯指令

下面彙整 pdb 支援的除錯指令。

選項	説明
h(elp) [command]	協助選項，沒有設定 command 會顯示指令列表
w(here)	印出堆疊追蹤 (Stack Trace)
n(ext)	前進到下一行 (執行下行程式)
l(ist) [first[, last]]	顯示指定範圍的程式碼，若無指定則顯示當前位置前後共 11 行
(ont(inue))	執行到中斷點
q(uit)	離開除錯

其它 pdb 支援的除錯指令請參考官方文件。

插入中斷點進入除錯模式

pdb.set_trace 提供插入中斷點的功能，當程式執行到中斷點設定的位置時，就會進入除錯模式，請參考下面範例「sample_pdb.py」。

除錯目標程式：sample_pdb.py

```
import pdb

def add(a, b):
    #在此中斷
    pdb.set_trace()
    return a + b

def main():
    add(1, 2)

if __name__ == "__main__":
    main()
```

執行上面程式後，會如下圖進到除錯模式中。除錯的命令提示字元會變成(pdb)。

sample_pdb.py 的執行

```
$ python sample_pdb.py
> /path/to/sample_pdb.py(5)add()
-> return a + b
(Pdb)

help 指令
(Pdb) h

Documented commands (type help <topic>):
========================================
...

顯示當前位置周圍共 11 行
(Pdb) l
  1    # -*- coding: utf-8 -*-
  2
  3    def add(a, b):
  4        import pdb; pdb.set_trace()
  5  ->                return a + b
  6
  7    def main():
```

```
    add(1, 2)

if __name__ == "__main__":
    main()

顯示堆疊追蹤
(Pdb) w
  /path/to/sample_pdb.py(11)<module>()
-> main()
  /path/to/sample_pdb.py(8)main()
-> add(1, 2)
> /path/to/sample_pdb.py(5)add()
-> return a + b

執行下一行
(Pdb) n
--Return--
> /path/to/sample_pdb.py(5)add()->3
-> return a + b

遇到下一個中斷點前繼續執行
(Pdb) c
```

從 Python 交談式模式執行除錯

前面談到的 sample_pdb.py，於交談模式進到除錯模式的範例如下。

交談模式進到除錯模式的範例

```
>>> import pdb
>>> import sample ─ import 除錯目標的程式（模組）
>>> pdb.run(sample.main()) ─ 將除錯目標傳入 pdb.run()
> /path/to/sample_pdb.py(5)add()
-> return a + b
(Pdb)
```

替異常結束的程式除錯 - pdb.pm

若將 pdb.py 作為程式呼叫，當程式異常結束時可自動切換成除錯模式。

下面針對「sample_pdb2.py」除錯。

發出 ZeroDivisionError 的程式 :sample_pdb2.py

```
def div(a, b):
    return a / b

def main():
    #若執行1/0則會發出ZeroDivisionError
    div(1, 0)

if __name__ == "__main__":
    main()
```

執行上面程式的結果如下。

sample_pdb2.py 的執行

```
若執行則自動切換到對話模式
$ python -m pdb sample_pdb2.py
> /path/to/sample_pdb2.py(3)<module>()

若 continue 則會出現錯誤，發出例外訊息
-> def div(a, b):
(Pdb) c
Traceback (most recent call last):
  ...
ZeroDivisionError: division by zero
Uncaught exception. Entering post mortem debugging
Running 'cont' or 'step' will restart the program
> /path/to/sample_pdb2.py(4)div()
-> return a / b

確認變數內容
(Pdb) p a
1
```

```
(Pdb) p b
0

往上移動一個 frame
(Pdb) u
> /path/to/sample_pdb2.py(7)main()
-> div(1, 0)
```

若想在對話模式發下生錯誤時切換至除錯模式，可以使用 pdb.pm() 方法。

在對話模式中自動切換到除錯模式的範例

```
>>> import pdb
>>> import sample2
>>> pdb.run(sample2.main())
Traceback (most recent call last):
  ...
ZeroDivisionError: division by zero

>>> pdb.pm()
> /path/to/sample_pdb2.py(4)div()
-> return a / b
(Pdb)
```

timeit

計算程式執行時間

這裡介紹計算程式執行時間的 timeit。使用 timeit 須將程式碼以字串的方式傳入，因此其主要目標為行數不多的程式，藉由計算程式執行的時間以分析效能，可協助開發者找到瓶頸。

計算的方法有利用命令列介面與 Python 介面兩種，下面分別詳細說明。

從命令列計算程式執行時間

從命令列執行 timeit 時，其格式如下。

timeit 的格式

```
$ python -m timeit [-n N] [-r N] [-s S] [-t] [-c] [-h] [statement ...]
```

主要的選項如下。

指令列選項

選項	說明
-n N, --number=N	設定 Python 程式的執行次數，若省略此選項，則會從 10 次開始計算最少為 0.2 秒之次數作為迴圈次數
-r N, --repeat=N	設定計算時間的重複次數 (預設為 3)
-s S, --setup=S	設定最初只執行一次的程式 (預設為 pass)
-p, --process	若有設定，則不計算時間而是計算程序時間
-v, --verbose	顯示原始時間資料結果，提供更多位元精準度

具體使用範例如下頁程式，使用命令列介面時若無特別指定，則會自動決定重複次數。

命令列的 timeit 使用範例

```
計算設定之 Python 執行 100 萬次的實際時間，並重複 3 次
最後選擇執行最快的一次
$ python -m timeit '"test" in "This is a test."'
10000000 loops, best of 3: 0.0422 usec per loop

一開始可設定只執行一次的程式
$ python -m timeit 'text = "This is a test."; char = "test"' 'char in
text'
10000000 loops, best of 3: 0.0586 usec per loop

可計算包含數行的格式
$ python -m timeit 'try:' '  "This is a test".__bool__' 'except
AttributeError:' '  pass'
1000000 loops, best of 3: 0.471 usec per loop
```

從 Python 介面計算程式執行時間

為了計算程式執行時間，timeit 模組提供下面兩個函數。

timeit 模組的函數

函數名稱	說明
timeit(stmt='pass', setup='pass',timer=<default timer>,number=1000000)	建立 Timer 實體，使用其 timeit() 函數並對 Python 程式 (stmt) 執行 number 次
repeat(stmt='pass', setup='pass',timer=<default timer>, repeat=3, number=1000000)	建立 Timer 實體，並針對使用 timeit 函數執行 Python 程式 (stmt) number 次這件事情重複 repeat 次

針對上面兩個函數用到的 Timer 類別簡單說明如下。

Timer 類別

格式	class Timer(stmt='pass', setup='pass', timer=<timer function>)
說明	用以計算 Python 程式執行時間的類別
參數	• stmt – 欲計算時間的 Python 程式 (預設 ：pass) • setup – 設定最初執行一次的程式 (預設 ：pass) • timer – 設定計時器函數 (相依平台，於後面詳述)

Timer 類別的函數

函數名稱	說明
timeit(number=1000000)	計算 Python 程式執行 number 次的時間（預設 100 萬次），回傳之秒數精準至浮點數
repeat(repeat=3,number=1000000)	執行 timeit() 執行 number 次這件事 repeat 次，以列表回傳結果（預設 3 次）

Timer 類別中所使用的計時器函數相依於平台，請注意。

- Windows：time.clock() 精度為微秒，time.time() 精度為 1/60 秒
- UNIX：time.clock() 精度為 1/100 秒，time.time() 則更為正確

關於 time 模組請參考「第 3 篇 操作時間」。具體使用範例如下。

timeit 函數的使用範例

```
>>> import timeit

計算主程式執行 100 萬次，花費時間以浮點數回傳
>>> timeit.timeit('"test" in "This is a test."')
0.04839502200775314

以列表回傳執行 3 次 timeit() 之結果
>>> timeit.repeat('"test" in "This is a test."')
[0.04914931798703037, 0.043436393985757604, 0.04310545398038812]

使用 Timer 類別可設定 Setup
>>> t = timeit.Timer('char in text', setup='text = "This is a test.";
char = "test"')
>>> t.timeit()
0.04692401799547952

可計算包含數行的格式
>>> s = """\
... try:
...   "This is a test".__bool__
... except AttributeError:
...   pass
... """
>>> timeit.timeit(stmt=s)
0.4765314340038458
```

pytest

進階單元測試功能

版本	2.7.1
官方文件	http://pytest.org/latest/
PyPI	https://pypi.python.org/pypi/pytest
原始碼	https://bitbucket.org/pytest-dev/pytest/

這裡要介紹相較於前面所介紹的 unittest, 提供更進階功能框架的 pytest 模組。

pytest 的安裝

pytest 的安裝指令如下。

pytest 的 pip 安裝

```
$ pip install pytest
```

建立測試並執行

使用 pytest 驗證期待值與實際值，可利用 Python 標準的 assert 語法。

測試製作範例 :test_sample.py

```
import pytest

def test_upper():
    assert 'foo'.upper() == 'FOO'
```

執行上面程式可得到下面結果。

test_sample.py 的測試結果

```
$ py.test test_sample.py
========================================== test session starts =========
====================================
platform darwin -- Python 3.4.3 -- py-1.4.30 -- pytest-2.7.2
rootdir: /path/to/dir, inifile:
collected 1 items

test_sample.py .

====================================== 1 passed in 0.01 seconds =======
====================================
```

pytest 在測試失敗時會顯示函數呼叫的回傳值，將上面程式如下修改後，來看看測試失敗的結果。

測試失敗的例子 :test_sample.py

```
import pytest

def test_upper():
    assert 'foo'.upper() == 'Foo'
```

test_sample.py 的測試結果

```
$ py.test test_sample.py
========================================== test session starts =========
====================================
platform darwin -- Python 3.4.3 -- py-1.4.30 -- pytest-2.7.2
rootdir: /path/to/dir, inifile:
collected 1 items

test_sample.py F

=========================================== FAILURES ===============
====================================
___________________________________________ test_upper _____________
____________________________________

    def test_upper():
```

```
>       assert 'foo'.upper() == 'Foo'
E       assert 'FOO' == 'Foo'
E         - FOO
E         + Foo

test_sample.py:4: AssertionError
======================================= 1 failed in 0.30 seconds ======
======================================
```

自動搜尋測試並執行

pytest 執行測試時可設定自動搜尋目錄下的測試並執行（若沒有設定目錄，則搜尋當前目錄下的測試），搜尋目標為 Python 套件下以 test_*/*_test 等定義名稱的模組，若滿足這些條件，使用 unittest 建立的測試也會執行。

搜尋測試並自動執行

```
$ py.test [ 放置測試檔的目錄 ]
```

多個輸出入樣式的測試（參數化測試）

pytest 以可提供 PHPUnit[註1] 等功能的資料提供者 (Dataprovider) 作為標準支援，所謂資料提供者是藉由對一個測試傳入數組對應輸入之輸出的功能，可對單一方法進行統整之測試（參數化測試）。

針對給予之物件判斷是否為數字的 isdigit() 方法，傳入數個輸入並執行的測試如下。

參數化測試的範例 :test_sample.py

```
import pytest

@pytest.mark.parametrize("obj", ['1', '2', 'Foo'])
def test_isdigit(obj):
    assert obj.isdigit()
```

註1 http://phpunit.de/

執行上述程式可得到下面結果。

test_sample.py 的測試結果

```
$ py.test test_sample.py
======================================== test session starts =========
====================================
platform darwin -- Python 3.4.3 -- py-1.4.30 -- pytest-2.7.2
rootdir: /path/to/dir, inifile:
collected 3 items

test_sample.py ..F


========================================== FAILURES ==============
====================================
________________________________________ test_isdigit[Foo] __________
____________________________________

obj = 'Foo'

   @pytest.mark.parametrize("obj", ['1', '2', 'Foo'])
   def test_isdigit(obj):
>       assert obj.isdigit()
E       assert <built-in method isdigit of str object at 0x109df55e0>()
E        + where <built-in method isdigit of str object at 0x109df55e0>
= 'Foo'.isdigit

test_sample.py:5: AssertionError
==================================== 1 failed, 2 passed in 0.02 seconds =
======================================
```

可看到輸入 1 與 2 都測試成功，但輸入 Foo 時則測試失敗。

traceback

堆疊追溯的操作

這裡說明提供 Python 堆疊追溯格式整理並顯示或取得功能的 traceback 模組，而堆疊追溯可用於問題追蹤與紀錄。

traceback 模組可在不停止程式下顯示堆疊追溯，亦可將訊息輸出至控制台 (Console) 外（例如記錄檔），下面介紹 traceback 模組的標準介面。

顯示堆疊追溯

print_exc() 可將堆疊追溯以 Python 直譯器相同之格式輸出，預設輸出至控制台，也可指定檔案位置輸出。

格式	print_exc(limit=None, file=None, chain=True)
說明	從發生之例外取得堆疊追溯資訊，整理格式後輸出
參數	• limit – 輸出至設定為止的堆疊追溯 • file – 設定做為輸出目標的檔案物件，預設為 sys.stderr • chain – 若設定為 True, 連鎖例外也同樣輸出

下面程式以 print_exc() 輸出例外發生的堆疊追溯至控制台。

顯示堆疊追溯

```
import traceback

def hoge():
    tuple()[0] ── 對不存在元素進行存取而發出IndexError

try:
    hoge()
except IndexError:
    print('--- Exception occurred ---')
    traceback.print_exc(limit=None)
```

下面是執行上述程式 example.py 的輸出，參數 limit 為預設值 None, 因此會將所有堆疊追溯輸出。

print_exc() 輸出範例

```
$ python example.py
--- Exception occurred ---
Traceback (most recent call last):
  File "example.py", line 7, in <module>
    hoge()
  File "example.py", line 4, in hoge
    tuple()[0]
IndexError: tuple index out of range
```

若參數 limit 設定為 1, 則只會輸出 1 個堆疊追溯。

print_exc() 輸出範例 - 設定 limit

```
$ python example.py
--- Exception occurred ---
Traceback (most recent call last):
  File "example.py", line 7, in <module>
    hoge()
IndexError: tuple index out of range
```

藉由在捕捉例外中使用 print_exc(), 就可以輸出堆疊追溯並可繼續執行程式。

將堆疊追溯作為字串操作

format_exc() 可與 Python 直譯器一樣整理堆疊追溯格式。

format_exc()

格式	format_exc(limit=None, chain=True)
說明	從發生之例外取得堆疊追溯資訊，並回傳字串
參數	• limit – 輸出至設定為止的堆疊追溯 • chain – 若設定為 True, 連鎖例外也同樣輸出

下面是用 format_exc() 輸出例外發生的堆疊追溯之範例，關於 logging 模組的使用方法請參考下一頁將介紹的「輸出 log - logging」。

取得堆疊追溯並輸出 log

```
import traceback
import logging

logging.basicConfig(filename='/tmp/example.log',
            format='%(asctime)s %(levelname)s %(message)s')

try:
  tuple()[0]
except IndexError:
  logging.error(traceback.format_exc())
  raise
```

上面範例程式輸出了例外發生的堆疊追溯到 log 中，若有設定 log 輸出目標至檔案，就可之後從 log 檔案中確認例外的內容，這對系統服務或是定期執行的批次處理等背景執行的程式非常有用。

執行範例程式 example.py, 將輸出的堆疊追溯顯示於 log 檔案中。

執行程式將堆疊追溯輸出至 log

```
$ python example.py
$ cat /tmp/example.log
2015-08-12 16:45:03,995 ERROR Traceback (most recent call last):
  File "example.py", line 8, in <module>
    tuple()[0]
IndexError: tuple index out of range
```

logging

輸出 log

這裡介紹提供關於 log 輸出功能的 logging 模組。

三種 logging 設定方法

logging 模組中用以架構 logging 功能的方式有三種，下面將逐一介紹。

使用 logging 功能的方法

使用方法	適用狀況
從 logging 設定 Rootlogger	只有 1 個模組所構成的小規模軟體
結合 logger 與處理等以模組方式設定	數個模組所構成的中 ~ 大規模軟體
使用 dictConfig() 等從特定的資料結構一起設定	數個模組所構成的中 ~ 大規模軟體

要使用模組方式還是 dictConfig？

Column

dictConfig 能以結構化易於閱讀的方式撰寫 logging 設定，但由於由字典一起設定，因此特別與像是交談式等逐一記錄的做法不太合適；反之以程式設定模組的方式，雖然撰寫上較為冗長，但其可針對較小的程式片段做確認動作。

筆者較為推薦的是使用結合 logger 與處理等程式片段的方式，嘗試各種 logging 的設定，在習慣 logging 後再將程式置換成 dictConfig 的作法。

標準定義的 log 等級

Python 的 logging 功能中定義了 6 個 log 等級，除了 NOTSET 外，可使用各 log 等級並有提供訊息輸出的方法。

標準的 log 等級與對應方法

log 等級	值	方法
CRITICAL	50	logging.critical()
ERROR	40	logging.error()
WARNING	30	logging.warning()
INFO	20	logging.info()
DEBUG	10	logging.debug()
NOTSET	0	無對應方法

藉由設定 log 等級，若所設定的 log 等級較小，則其 log 等級的訊息輸出就會被抑止。

例如設定 log 等級為 WARNING, 則值小於 30 的 log 等級無法利用 logging.info() 或 logging.debug() 輸出訊息，具體的設定範例在後面介紹。

從 logging 模組操作 log

使用 logging 模組輸出 log 最簡單的範例如下。

單純輸出 log

```
>>> import logging
>>> logging.debug('debug message')      ← 因 log 等級而無法輸出
>>> logging.warning('warning message')  ← 可輸出
WARNING:root:warning message
```

上面程式 import 後直接從 logging 模組呼叫 log 輸出的方法，其會執行下面動作。

- 訊息採用標準輸出
- 輸出格式為 <log 等級 >:<log 名稱 >:< 訊息 >
- log 等級設定為 logging.WARNING

下面是將 log 訊息輸出作為變數值的範例，第二個以後的參數值會置換訊息的格式字串。

log 訊息輸出作為變數值的範例

```
>>> import logging
>>> favarite_thing = 'bouldering'
>>> logging.error('I love %s!', favorite_thing)
    └── %s 會換成變數 variable 的值
ERROR:root:I love bouldering!
```

若想改變輸出目標與訊息輸出格式、log 等級等 logging 的操作，可使用 logging.basicConfig(), 其可傳入的參數如下。

logging.basicConfig() 的參數

參數	內容
filename	設定輸出目標之檔名
filemode	設定檔案開啟時的模式
format	以設定之 log 格式輸出
datefmt	使用設定的時間格式
style	format 可使用下面三種中任一樣式。 • '%'：% 樣式 • '{'：str.format() 樣式 • '$'：string.Template 樣式
level	設定 log 等級的門檻值
stream	設定可用的串流，不可與 filename 同時設定
handlers	設定使用的處理列表，不可與 filename 與 stream 同時

參數 style 可使用的其中一個格式樣式 str.format(), 請參考「第一篇 的執行一般的字串操作 - str、string」的介紹。

下面是使用 logging.basicConfig() 更改 logging 設定的範例。

logging.basicConfig() 變更 logging 操作

```
>>> logformat = '%(asctime)s %(levelname)s %(message)s'
>>> logging.basicConfig(filename='/tmp/test.log', ── 變更輸出目標
...                     level=logging.DEBUG, ── 變更 log 等級
...                     format=logformat) ── 變更輸出格式
```

```
>>> logging.debug('debug message')
>>> logging.info('info message')
>>> logging.warning('warning message')
```

執行上面程式後，輸出的內容會輸出到變更後的 /tmp/test.log 路徑。

/tmp/test.log 的輸出內容

```
2015-04-28 11:19:42,164 DEBUG debug message
2015-04-28 11:20:36,605 INFO info message
2015-04-28 11:20:56,509 WARNING warning message
```

變更的 logging 操作內容都有反映於輸出的訊息中。

- 輸出格式變更後，輸出訊息的開頭含有日期
- log 等級變更為 logging.DEBUG, 因此可以輸出 DEBUG 等級與 INFO 等級的 log

格式可使用的屬性中，下表列出具有代表性的項目。

log 格式可用的屬性

名稱	格式	說明
asctime	%(asctime)s	"2015-08-13 15:00:30,123" 格式的時間
filename	%(filename)s	pathname 的檔案名稱部分
funcName	%(funcName)s	包含 logging 呼叫的函數名稱
levelname	%(levelname)s	表示 log 等級的字串
lineno	%(lineno)d	檔案中呼叫 logging 的行號
module	%(module)s	模組名稱 (filename 的名稱部分)
message	%(message)s	log 訊息
name	%(name)s	logging 中使用的 logger 名稱 '
pathname	%(pathname)s	呼叫 logging 的檔案完整路徑
process	%(process)d	程序 ID
thread	%(thread)d	執行緒 ID

以模組方式設定 logging

logging 模組中除了先前說明的基本使用方法外，還有幾個組件可以相互組合以架構更有彈性的 logging。

架構 logging 組件

名稱	內容
logger	提供 log 輸出的介面
handler	決定 log 傳送目標
filter	提供 log 篩選功能
formatter	決定 log 輸出格式

例如可以下面方式組合。

- **一個 logger 設定多個 handler**

  例）傳送訊息給 logger 時，想輸出至控制台與檔案兩個輸出目標

- **兩個 logger 分別設定 handler**

  例）想將傳送給 logger A 的訊息輸出到 log 檔案，傳送給 logger B 的訊息則以電子郵件寄出

結合組件設定 logging

```
建立 logger
>>> logger =  logging.getLogger('hoge.fuga.piyo')
 └── 設定名稱為 hoge.fuga.piyo
>>> logger.setLevel(logging.INFO)
 └── 可輸出 INFO 等級以上的 log, 但無法輸出 DEBUG 等級的 log

建立 handler
>>> handler = logging.FileHandler('/tmp/test.log')
 └── 建立作為檔案輸出目標的 hanlder
>>> handler.setLevel(logging.INFO)
 └── INFO 以上輸出、DEBUG 輸出
```

```
建立 filter
>>> filter = logging.Filter('hoge.fuga')
  └ 當 logger 名稱為 hoge.fuga 時才建立輸出檔案 ( 符合上面建立的 logger)

建立 formatter
>>> formatter = logging.Formatter('%(asctime)s - %(name)s - %(levelname)s
- %(message)s')

相互組合
>>> handler.setFormatter(formatter) ─ 設定 handler 中的 formatter
>>> handler.addFilter(filter) ─ 設定 handler 中的 filter
>>> logger.addHandler(handler) ─ 設定 logger 中的 handle
>>> logger.addFilter(filter) ─ 設定 logger 中的 filter

log 輸出
>>> logger.debug('debug message')
>>> logger.info('info message')
```

依據 log 等級的 filter 套用於 logger 與 handler, 上面程式中，為了輸出 INFO 等級的 log, logger 與 handler 兩方都設定了該 log 等級。

因為輸出目標為檔案，因此程式中使用了 logging.FileHandler 類別，logging 模組與 logging.handlers 模組中還提供各種 handler 類別，請依照輸出目標對應使用。

為了輸出含日期之格式，建立了 formatter, 其可使用的項目請參考官方文件「LogRecord 屬性」[註1]。

logger 的階層結構

建立 logger 的 logging.getLogger() 可將 logger 名稱作為參數傳入，若名稱字串包含 ".", 則會產生階層結構，例如上述範例中所使用的 logger, 會有如下面的階層。

註 1 http://docs.python.org/3.4/library/logging.html#logrecord-attributes

logger 的階層結構

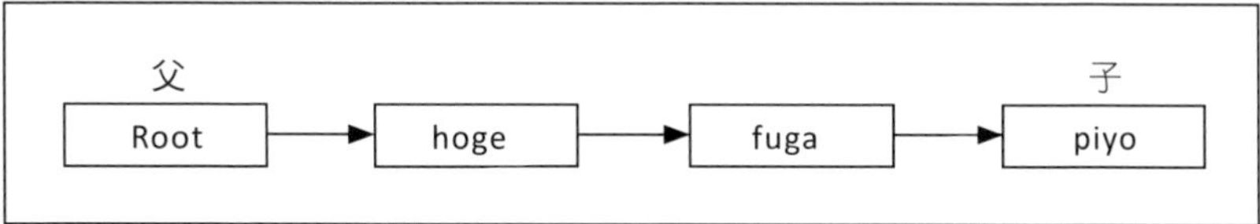

hoge.fuga.piyo 的父 logger 為 hoge.fuga，載來的父 logger 為 hoge。所有的 logger 階層結構都有共同的父 logger，稱為「Root logger」。

再來介紹經常用到 logger 階層構造的慣用法 (Idiom)。

使用 logger 階層構造的慣用法

```
import logging
logger = logging.getLogger(__name__)
```

__name__ 用以傳入表示套件或模組結構的字串，如此只要看到 logger 名稱就可以知道是哪邊的套件或模組輸出的 log，這種以 log 名稱作為 __name__ 的 logger 被稱為「模組等級 logger」。

利用階層結構的 logging 共同設定

子 logger 會將訊息傳遞給父 logger 的 handler，利用這個特性，可將某階層名稱下的 logger 套用共同之設定。

- logging.getLogger('hoge.fuga')
- logging.getLogger('hoge.piyo')

上面 logger 接收訊息後，會傳遞給自身設定的 handler，接著再將訊息傳遞給 hoge logger，其會嘗試使用所設定的 handler 輸出 log。因此只要 hoge logger 準備好 handler，無論來自於 hoge.fuga 或 hoge.piyo 哪個 logger 都可使用同一個 handler。

若結合該訊息傳遞機制與模組等級 logger，就可以很簡單的對特定套件 / 模組下的 logger 作共同之設定。

以 filter 控制 log 輸出

範例程式中建立了 logging.Filter('hoge.fuga') 的 filter，藉由設定 logger 與 handler 提供與 log 等級不同基準的篩選功能。

filter 會依據 logger 名稱執行篩選，範例中篩選的 logger 名稱為 'hoge.fuga'，也就是允許 logger 名稱 'hoge.fuga' 下的層級接允許輸出（例如 'hoge.fuga'、'hoge.fuga.piyo' 等）。

從字典、檔案設定 logging

到目前已介紹如何利用 Python 程式建立 logger、handler、formatter，並用以設定 loggging 的幾種方法。

Python 的 logging 功能除上述的方法外，還提供以 logging.config 模組將字典物件與檔案物件作為 logging 設定的方法。

從字典物件設定 logging － dictConfig()

logging.config.dictConfig() 可以字典格式從組態資訊設定 logging。

logging.config.dictConfig()

格式	logging.config.dictConfig(config)
說明	以字典格式從組態資訊設定 logging
參數	• config – 指定用以設定 logging 的字典

使用 dictConfig 設定 logging 的範例

```
import logging
from logging.config import dictConfig
config = {
    'version': 1, ── dictConfig格式的版本，只能支援1
    'disable_existing_loggers': False, ── 若為False則不將現有logging設定無效化
    'formatters': { ── 組成formatters設定的字典
        'example': { ── formatter名稱
            'format': '%(asctime)s - %(name)s - %(levelname)s -
```

```
%(message)s', ── 格式字串
        },
    },
    'filters': { ── 組成filters設定的字典
        'hoge-filter': { ── filter名稱
            'name': 'hoge.fuga', ── 篩選目標的logger名稱
        },
    },
    'handlers': { ── 組成handler設定的字典
        'file': { ── handler名稱
            'level': 'INFO', ── 設定handler的log等級
            'class': 'logging.FileHandler', ── handler的類別
            'filename': '/tmp/test.log', ── 輸出目標的檔案路徑
            'formatter': 'example', ── handler中設定的formatter名稱
            'filters': ['hoge-filter'], ── handler中設定的filter名稱
        },
    },
    'loggers': { ── 組成logger設定的字典
        'hoge': { ── logger名稱
            'handlers': ['file'], ── logger使用的handler名稱列表
            'level': 'INFO', ── logger的log等級
            'propagate': True, ── 若為True則會從子log傳遞
        },
    },
}
dictConfig(config)
logger = logging.getLogger('hoge.fuga.piyo')
logger.debug('debug message')
logger.info('info message')
```

上面範例與 P11-41 頁 介紹的範例「結合組件設定 logging」相同，只是改以 dictConfig() 的格式設定。

當 disable_existing_loggers 為 True 時 (預設為 True)，就會將這之前的 logging 設定無效化，請特別注意。

另一個作為 dictConfig 程式的範例，可以參考 Web 應用程式框架 Django 的文件，其設定檔案定義的 LOGGING 項目值，即依據 dicConfig() 格式進行設定。

https://docs.djangoproject.com/en/1.8/topics/logging/#examples

從檔案讀取設定 logging - fileConfig()

使用 fileConfig() 就可依檔案設定內容為基礎進行 logging 的設定，其與 dictConfig 的差異在於無法設定 filter。

logging.config.fileConfig()

格式	logging.config.fileConfig(fname, defaults=None, disable_existing_loggers=True)
說明	依 configparser 格式檔案中的組態資訊設定 logging，關於操作檔案格式請參考「第 8 篇的 操作 INI 檔案 - configparser」
參數	• fname – 指定設定之檔案名稱 • defaults – 指定傳入 ConfigParser 的預設值 • disable_existing_loggers – 若為 True，則會將此函數呼叫前的 logging 設定無效化

fileConfig 比起 dictConfig 較舊，之後新增之功能預計會針對 dictConfig，因此比起 fileConfig 較推薦使用 dictConfig。

Sentry - 錯誤檢測，用以除錯的好夥伴　Column

在提供服務的環境中應用 log，經常無法避免的遇到「要如何整合從多個伺服器輸出的 log」或「當錯誤發生時該如何偵測」等問題，要解決這些問題的其中一個方法，就是下面介紹的 Web 服務 Sentry[註 2]。

Sentry 其是以錯誤追蹤 (Error tracking) 為目的之 log 整合服務，輸出 log 的伺服器作為客戶端，經由 HTTP 等網路協定傳送 log 給 Sentry 伺服器，其會將同種的 log 整合然後寄送給預先設定好的電子郵件，Sentry 本身也是用 Python 開發的軟體。

雖然類似 Sentry 服務的還有 Airbrake[註 3] 與 Bugsnag[註 4]，但以 Python 語言作為企業開發工具的產品來説，與 Python 相容度上當然是最好的（雖然有提供各種語言的客戶端實作，但 Python 客戶端的功能是最完整的）。

此外，還有 Sentry 的 Python 客戶端函式庫 reven-python[註 5]，提供相容 logging 的 handler，方便整合至現存的 logging 實作中。

註 2　https://getsentry.com/
註 3　https://airbrake.io/
註 4　https://bugsnag.com/
註 5　https://github.com/getsentry/raven-python

12

加密、編碼功能

對於應用程式資訊進行通訊、儲存，加密技術是不可或缺的一塊。本篇將介紹提供加密、編碼相關功能的 PyCrypto 套件，以及用以遠端電腦安全通訊的 paramiko 套件。

PyCrypto

加密工具

版本	2.6.1
官方文件	https://www.dlitz.net/software/pycrypto/apidoc/
PyPI	https://pypi.python.org/pypi/pycrypto
原始碼	https://github.com/dlitz/pycrypto

這裡說明提供加密相關工具的 PyCrypto 套件，其支援 AES、DES 與 RSA 等各種加密演算法，一般用於加解密與產生 SSH 通訊的公開、私密鑰匙。它也具備 MD5、SHA-512 等雜湊演算法，是可廣泛應用加密、編碼的套件。

而「P12-8 頁 存取 SSH 協定 - paramiko」說明的 paramiko 相依於 PyCrypto。

PyCrypto 安裝

PyCrypto 的 pip 安裝如下。

PyCrypto 的 pip 安裝指令

```
$ pip install pycrypto
```

產生雜湊值

PyCrypto 可使用 MD5、SHA-512 演算法產生雜湊值。支援的演算法列舉如下。

- MD5
- RIPEMD-160
- SHA-1
- SHA-256
- SHA-512

一般較常使用 MD5、SHA-512 演算法產生雜湊值，範例如下。

產生雜湊值

```
>>> from Crypto.Hash import MD5, SHA512
>>> hash_md5 = MD5.new() ── 使用 MD5
>>> hash_md5.update(b'hamegg') ── 字串要用位元組字串
>>> hash_md5.hexdigest()
'38f778abb3f6c5e050baaffdf74dac4e'

>>> hash_sha512 = SHA512.new() ── 使用 SHA-512
>>> hash_sha512.update(b'ham')
>>> hash_sha512.hexdigest()
'a7c9f39cb45b21e8d82333b79c22d36a3d80af425108d964e39a0a6032e1466c
467a8724259cbf7945f4ffd02030ed74dd7dc86cdc9e6faaf18264c88d2951e1'

>>> hash_md5 = MD5.new(b'hamegg') ── 也可在建立實體時給予資料
>>> hash_md5.hexdigest()
'38f778abb3f6c5e050baaffdf74dac4e'

>>> hash_md5 = MD5.new(b'ham')
>>> hash_md5.hexdigest()
'79af0c177db2ee64b7301af6e1d53634'

>>> hash_md5.update(b'egg') ── 再執行 update 函數
>>> hash_md5.hexdigest() ── 將 b'ham' 與 b'egg' 合併成 b'hamegg'
'38f778abb3f6c5e050baaffdf74dac4e'
```

使用 RSA 加密演算法

加密方法大致分為共用鑰匙加密與公開鑰匙加密，共用鑰匙加密演算法有 DES、3DES、AES，而公開鑰匙加密則以 RSA 為人所知。製作一組私密鑰匙與公開鑰匙的範例程式如下。

使用 RSA 製作私密鑰匙與公開鑰匙

```
from Crypto.PublicKey import RSA

rsa = RSA.generate(2048)
private_pem = rsa.exportKey(format='PEM', passphrase='password')
with open('private.pem', 'wb') as f:
    f.write(private_pem)

public_pem = rsa.publickey().exportKey()
with open('public.pem', 'wb') as f:
    f.write(public_pem)
```

上面程式的執行結果會輸出下面檔案。

private.pem

```
-----BEGIN RSA PRIVATE KEY-----
Proc-Type: 4,ENCRYPTED
DEK-Info: DES-EDE3-CBC,E4E261F6B0EA5CFC

7y8ZWzJwBvhqJNxN9EIJJ/CqAMm1HsCuu/uQmFf5TU0uX+tHvQULM/
Xp+ssveQXu
RHbL5Rqougb2Crgrki8NzpX7mZgJNRaOYmDT1LvkWFYTNSPq7x0Yz+urpCDn5Sqj
...
-省略-
...
3xA7WqQvGFgl6IOdu9HYeSUIclz8FCAFg0I/XX9DKoUTYzdOdYlZX0ER501A1hiU
-----END RSA PRIVATE KEY-----
```

public.pem

```
-----BEGIN PUBLIC KEY-----
MIIBIjANBgkqhkiG9w0BAQEFAAOCAQ8AMIIBCgKCAQEA1EWk9BGuuVVpZooB
HWmW
By12TBBwmvIFMaFUG4SYnugHqUxq1baJjQtw5DcTQyvJpiDqqroljWwWXJz4m
uy5
...
-省略-
...
LrapgWsVnLut/oxlJmRvir8Yvopzg1DvAduNlPso/k1N8J9Bo90Ytb4X8KQtYQTy
AwIDAQAB
-----END PUBLIC KEY-----
```

RSA.generate()

格式	RSA.generate(bits, randfunc=None, progress_func=None, e=65537)
說明	隨機建立 RSA 金鑰
參數	• bits – 位元強度
回傳值	RSA key 物件 (_RSAobj)

_RSAobj.exportKey()

格式	_RSAobj.exportKey(format='PEM', passphrase=None, pkcs=1)
說明	輸出 RSA 金鑰
參數	• format – 金鑰格式 • passphrase – 私密金鑰的 passphrase，只有當 format 設定為 PEM 時有效
回傳值	私密金鑰或公開金鑰的位元組字串

使用產生的公開金鑰與私密金鑰執行資料加解密的範例程式如下。

使用公開金鑰與私密金鑰執行資料加解密

```
From Crypto.PublicKey import RSA
From Crypto import Random

#讀入產生的公開金鑰與私密金鑰
public_key_file = open('public.pem', 'r')
private_key_file = open('private.pem', 'r')

public_key = RSA.importKey(public_key_file.read())
private_key = RSA.importKey(private_key_file.read(),
passphrase='password')

plain_text = 'ham'
print('原始字串:', plain_text)
```

12

```
#執行加密
random_func = Random.new().read
encrypted = public_key.encrypt(plain_text.encode('utf8'), random_func)
print('加密字串:', encrypted)

#執行解密
decrypted = private_key.decrypt(encrypted)
print('解密字串:', decrypted.decode('utf8'))

public_key_file.close()
private_key_file.close()
```

該程式執行結果如下，可看出字串 ham 被加密後又解密。

執行結果

```
原始字串：ham
加密字串：(b"9j\x8f\x8a\x19\x9ex\xf1\xba8\x1e\ ... 省略 ... \xc8,)
解密字串：ham
```

RSA.importKey()

格式	RSA.importKey(externKey, passphrase=None)
說明	載入加密用的 RSA 金鑰
參數	• externKey – 設定公開金鑰或私密金鑰 • passphrase – 為私密金鑰時，可設定 passphrase
回傳值	RSA key 物件 (_RSAobj)

_RSA.encrypt()

格式	_RSAobj.encrypt(plaintext, K)
說明	用 RSA 加密資料
參數	• plaintext – 加密目標字串 • K – 設定產生亂數的函數
回傳值	加密的位元組字串

_RSA.decrypt()

格式	_RSAobj.decrypt(ciphertext)
説明	用 RSA 解密資料
參數	• chiphertext – 設定要解密的加密字串
回傳值	解密的位元組字串

標準函式庫 hashlib

Column

雜湊值也可用標準函式庫 hashlib[註1] 產生，使用 hashlib 產生雜湊值非常方便。

例：使用 hashlib 產生 MD5 雜湊值

```
>>> import hashlib
>>> hash_md5 = hashlib.md5(b'hamegg')
>>> hash_md5.hexdigest()
'38f778abb3f6c5e050baaffdf74dac4e'
```


註 1　http://docs.python.jp/3.4/library/hashlib.html

paramiko

存取 SSH 協定

版本	1.15.2
官方文件	http://docs.paramiko.org/en/
PyPI	https://pypi.python.org/pypi/paramiko/
原始碼	https://github.com/paramiko/paramiko

這裡説明提供 SSH 模組功能的 paramiko, 其為多功能的套件，主要使用目的如下。

- SSH 連接與命令執行
- 使用 SFTP 連接的檔案傳送

驗證除使用 ID、密碼驗證的方法外，亦支援金鑰交換方式。組態管理工具 Ansible[註1] 與佈署工具 Fabric[註2] 的開發都有用到 paramiko。

此外，paramiko 中無法使用 FTP 連接，若有需要連結 FTP, 則可使用標準函式庫 ftplib[註3]。

paramiko 安裝

paramiko 的安裝指令如下。

paramiko 的 pip 安裝指令

```
$ pip install paramiko
```

註 1　http://www.ansible.com/home

註 2　http://www.fabfile.org

註 3　http://docs.python.jp/3.4/library/ftplib.htmll

執行 SSH 指令

接著使用 paramiko, 以 SSH 登入遠端伺服器並執行指令。下面範例程式示範連到 Linux 伺服器執行指令 1s-1/tmp。

SSH 指令的執行

```
import paramiko

ssh = paramiko.SSHClient()
ssh.set_missing_host_key_policy(paramiko.AutoAddPolicy())

ssh.connect('hamegg.com', 22, 'your_user', key_filename='/home/your_user
/.ssh/id_rsa')

stdin, stdout, stderr = ssh.exec_command('ls -l /home')

for line in stdout:
   print(line, end="")

ssh.close()
```

上面程式執行後輸出如下 , 可得到指令 1s-1/tmp 執行結果的標準輸出內容。

「SSH 指令的執行」的結果

```
drwx------  3 your_user your_user 4096 Jun 1 12:00 your_user
drwx------  3 test      test      4096 Jun 1 12:00 test
```

12

paramiko.client.SSHClient.connect()

格式	paramiko.client.SSHClient.connect(hostname, port=22, username=None,password=None, pkey=None, key_filename=None, timeout=None,allow_agent=True, look_for_keys=True, compress=False,sock=None, gss_auth=False, gss_kex=False,gss_deleg_creds=True, gss_host=None, banner_timeout=None)
說明	執行 SSH 伺服器連線與認證
參數	• hostname – 設定連線的伺服器主機 • port – 設定連線的埠號 • username – 設定連線帳號 • password – 設定密碼 • key_filename – 設定私密金鑰

paramiko.client.SSHClient.exec_command()

格式	paramiko.client.SSHClient.exec_command(command, bufsize=-1,timeout=None, get_pty=False)
說明	於 SSH 伺服器上執行指令
參數	• command – 設定要執行之指令
回傳值	標準輸入、標準輸出、標準錯誤輸出

paramiko.client.SSHClient.set_missing_host_key_policy()

格式	paramiko.client.SSHClient.set_missing_host_key_policy(policy)
說明	連接未知伺服器主機時設定的連接政策
參數	• policy – 政策

set_missing_host_key_policy() 方法以及 know_hosts 相關操作的細節於「paramiko 和 host_known」說明。

執行 SFTP 檔案傳送

執行 SFTP 上傳及下載的範例程式如下。

SFTP 上傳及下載

```
import paramiko

ssh = paramiko.SSHClient()
ssh.set_missing_host_key_policy(paramiko.AutoAddPolicy())

ssh.connect('hamegg.com', 22, 'your_user', key_filename='/home/your_user
/.ssh/id_rsa')
sftp = client.open_sftp()

#上傳
sftp.put('local_file', 'remote_file')

#設定權限為0755
sftp.chmod('remote_file', 0o0755)

#下載
sftp.get('remote_file', 'local_file')

sftp.close()
ssh.close()
```

paramiko.sftp_client.SFTPClient.put()

格式	paramiko.sftp_client.SFTPClient.put(localpath, remotepath, callback=None, confirm=True)
說明	從本地伺服器複製檔案至 SFTP 伺服器
參數	• localpath – 來源端的路徑 • remotepath – 上傳目的端的路徑
回傳值	SFTPAttributes

上表 remotepath 參數中給予之路徑必須包含到檔案名稱，不能只有設定目錄。

12

paramiko.sftp_client.SFTPClient.get()

格式	paramiko.sftp_client.SFTPClient.get(remotepath, localpath, callback=None)
說明	從 SFTP 伺服器複製檔案至區域伺服器
參數	• remotepath – 來源端的路徑 • localpath – 下載目的端的路徑

get() 方法的使用方法大致與 put() 方法相同。

paramiko.sftp_client.SFTPClient.chmod()

格式	paramiko.sftp_client.SFTPClient.chmod()
說明	改變檔案的權限
參數	• path – 欲變更之目標檔案路徑 • mode – 權限

mode 參數要以數值設定權限，須注意 mode 的控制，例如若以 Linux 指令「chmod 644」直接設定「mode=644」而期待有相同效果，但實際上其權限卻是「--w----r-T」(chmod 1204), 這是因為 mode 設定 10 進位數值 644, 會轉換為 8 進位的 1204。因此若想設定權限 644, 可將 8 進位 644 換成 10 進位值「mode=420」，或是在開頭加上 0o (數字 0 與英文 o) 變成 0o0644, 以 8 進位直接設定。

建議使用paramiko　Column

Python 程式中使用 SFTP/SCP 檔案傳輸的時候，也可改用 subprocess 所提供的 Linux SFTP/SCP 指令，如下範例。

使用 subprocess 中的 SCP 指令

```
import subprocess

subprocess.Popen(["scp", local_file, destination_host]).wait()
```

雖然上面程式亦可傳輸檔案，但使用 paramiko 可提供更簡單的錯誤控制。在 2015 年 4 月時 Python 3.4 開始支援 paramiko, 因此若要使用 SFTP 時就使用 paramiko 吧！

paramiko 和 known_hosts

Column

下面說明 known_hosts 相關操作，所謂 known_hosts 是用以搜尋連線伺服器主機的紀錄檔案，當中記錄伺服器主機名稱與主機公開金鑰的值組，該檔案一般放置於使用者主目錄下「~/.ssh/known_hosts」。

P12-9 頁 程式「SSH 指令的執行」中的 set_missing_host_key_policy()，主要處理使用 connect() 方法連線的伺服器主機資訊不存在 known_hosts 時使用的政策，方法中可設定自動加入已連線目標的 paramiko.AutoAddPolicy() 或不加入的 paramiko.RejectPolicy()。

當連線無登錄在 known_hosts 的伺服器主機時，若省略 set_missing_host_key_policy() 或設定 RejectPolicy()，則會拋出「SSHException: Server 'hamegg.com' not found in known_hosts」例外。

而設定 AutoAddPolicy() 時，實際上並不會修改 known_hosts 檔案，而是將資訊帶入 SSHClient 類別的實體變數 _host_keys 裡而已，若想要修改 known_hosts 檔案內容時，可以使用 load_host_keys() 與 save_host_keys()。

known_hosts 的讀取與寫入

```
import paramiko

KNOWN_HOSTS = '/home/your_user/.ssh/known_hosts'

ssh = paramiko.SSHClient()
ssh.set_missing_host_key_policy(paramiko.AutoAddPolicy())
ssh.load_host_keys(KNOWN_HOSTS_FILE)

ssh.connect('hamegg.com')

ssh.save_host_keys(KNOWN_HOSTS_FILE)

ssh.close()
```

實際上 load_host_keys() 方法中讀取檔案的路徑可以依據檔案位置任意設定，由於 load_host_keys() 方法不會建立新檔案，因此需要預先將檔案準備好。

load_system_host_keys() 方法與 known_hosts 同樣為執行讀取的方法，其差異在於該方法若省略檔案路徑，則會自動讀取 ~/.ssh/known_hosts, 且對讀取的檔案無法用 save_host_keys() 方法寫入。

使用 load_host_keys() 方法或 load_system_host_keys() 方法讀取的 known_hosts 檔案中無登錄的主機資訊，且也沒有設定 paramiko.AutoAddPolicy() 的話，會發出「paramiko.ssh_exception.SSHException: Server 'hamegg.com' not found in known_hosts」例外錯誤訊息。

請好好掌握上述 known_hosts 的操作，善加運用適當的方針吧！

13

平行處理機制

雲端技術快速發展, 不論是誰都可以輕易地使用功能強大的設備, 隨之而來的就是設備的資源被運用到極限, 因此平行處理的機制開始被重視。

本篇將說明 Python 的平行處理控制, 其支援標準的平行處理函式庫, 藉由使用這些函式庫, 就可以藉由簡單的程式控制複雜的行程。

multiprocessing

執行平行處理

這裡介紹支援建立數個行程並執行平行處理的 multiprocessing 模組。

產生行程

藉由產生 Process 物件並呼叫 start() 方法就可簡單的建立子行程，下面是簡單的程式範例。

關於 os 模組的部分請參考第 5 篇的說明。

使用 multiprocessing 模組產生子行程 :sample_process.py

```
from multiprocessing import Process
import os

def f(x):
    print("{0} - 行程ID: {1} (父行程ID: {2})".format(x, os.getpid(),
os.getppid()))

def main():
    for i in range(3):
        p = Process(target=f, args=(i, ))
        p.start()
    p.join()

if __name__ == "__main__":
    main()
```

Process 物件產生時可以設定建立子行程的目標 (target) 與參數 (args), 此外為了等待子行程結束，要利用 join() 方法，若省略該方法，則有可能在平行處理結束前就會開始下個處理，請一定要注意。

執行程式後可以得到下面結果，可以看到從同一父行程所產生的子行程。

sample_process.py 的執行

```
$ python sample_process.py
0 - 行程 ID: 22363 ( 父行程 ID: 22330)
1 - 行程 ID: 22364 ( 父行程 ID: 22330)
2 - 行程 ID: 22365 ( 父行程 ID: 22330)
```

要確認建立之行程是否已執行結束可以使用 is_alive() 方法，如下所示。

使用 is_alive

```
>>> p.is_alive()
False ─ 行程結束
```

行程間交換物件

行程間進行通訊可透過「佇列 (Queue)」與「管線 (Pipe)」兩種方法。

佇列 (Queue)

佇列是執行緒安全與程序安全的一種通訊方法，所謂執行緒、程序安全是指可確保數個執行緒、程序同時執行且不會發生錯誤，執行緒安全與程序安全在多執行緒、多行程的環境中是非常重要的概念。

使用 Queue 執行程序間通訊 :sample_queue.py

```
from multiprocessing import Process, Queue

def sender(q, n):
    #傳訊至Queue
    q.put('第{0}次的Hello World'.format(n))

def main():
    q = Queue()
    for i in range(3):
        p = Process(target=sender, args=(q, i))
        p.start()
```

```
    #被傳入Queue的訊息
    print(q.get())
    print(q.get())

    p.join()

if __name__ == "__main__":
    main()
```

執行上面程式後會出現下面結果。

sample_queue.py 的執行

```
$ python sample_queue.py
第 0 次的 Hello World! ─ 第 1 次從 Queue 輸出
第 1 次的 Hello World! ─ 第 2 次從 Queue 輸出
```

管線 (Pipe)

比起 Queue 來說，管線 (Pipe) 操作速度上快了數倍之多，但由於沒有執行緒安全，因此只用在單純只有兩端點的時候。

管線通訊其將利用管線連結之連線物件的值組作為回傳值。

使用 Pipe 執行程序間通訊 :sample_pipe.py

```
from multiprocessing import Process, Pipe
import os

#傳送端
def sender(conn):
    #傳送「Hello World!」訊息給其他行程
    conn.send('Hello World!')
    conn.close()
```

```
#接收端
def receiver(conn):
    #從其他行程接收訊息並顯示
    msg = conn.recv()
    print('接收訊息:{0}'.format(msg))
    conn.close()

def main():
    #建立傳送接收訊息的pipe
    parent_conn, child_conn = Pipe()

    #傳送訊息
    p = Process(target=sender, args=(child_conn,))
    p.start()

    #接收訊息
    p = Process(target=receiver, args=(parent_conn,))
    p.start()

    p.join()

if __name__ == "__main__":
    main()
```

執行上面程式後得到下面結果。

sample_pipe.py 的執行

```
$ python sample_pipe.py
 接收訊息 :Hello World!
```

行程間同步

multiprocessing 模組中提供了與 threading 模組中類似的行程同步功能，若沒有使用鎖定 (Lock) 控制同步，則各行程的標準輸出內容會交叉顯示。

13

各行程輸出混雜顯示 :sample_mix.py

```
from multiprocessing import Process

def f(i):
    #輸出處理順序
    print('第{0}號行程執行中'.format(i))

def main():
    for i in range(3):
        p = Process(target=f, args=(i,))
        p.start()
    p.join()

if __name__ == "__main__":
    main()
```

上面程式執行後可得到下面結果。

sample_mix.py 的執行

```
$ python sample_mix.py
第 1 號行程執行中
第 0 號行程執行中
第 2 號行程執行中
```

利用鎖定就可以一次控制一個行程執行標準輸出，如下所示。

利用 Lock 限制行程執行 :sample_lock.py

```
from multiprocessing import Process, Lock

def f(lock, i):
    #到解除鎖定前都是鎖定狀態
    lock.acquire()

    #輸出處理順序
    print('第{0}號行程執行中'.format(i))
```

```
    #鎖定解除
    lock.release()

def main():
    #鎖定物件
    lock = Lock()

    for i in range(3):
        p = Process(target=f, args=(lock, i))
        p.start()
    p.join()

if __name__ == "__main__":
    main()
```

執行上面程式後可得到下面結果。

sample_lock.py 的執行

```
$ python sample_lock.py
第 {0} 號行程執行中
第 {1} 號行程執行中
第 {2} 號行程執行中
```

從上面結果可以確認執行順序是依序的。

控制同時執行的程序個數

透過 Pool 類別可控制同時執行程序的個數，具體來說，Pool 類別為所設定的行程個數製作程序池，當任務來的時後，空閒適當的程序就會分配給該任務使用，而可使用的程序上限是在建立 Pool 類別實體時指定。若物件的元素個數多於所設定的程序上限，超過上限的程序就會無法建立，此時就只能等其它元素的處理結束，才會回收程序再次分配執行處理。

設定可執行之程序上限，並處理非同步處理

```
>>> from multiprocessing import Pool
>>> def f(x):
...   return x * x
...
>>> p = Pool(processes=4)  ← 設定行程上限為 4 個
>>> result = p.apply_async(f, [10])  ← 以非同步執行 f(10) 的處理
>>> print(result.get())  ← 取得結果
100
```

在設定行程個數上限的情況下，針對物件各元素使用 map 處理以並行的方式執行函數。

設定可執行之程序上限，以 map 執行平行處理

```
設定程序上限為 5 個
>>> with Pool(5) as p:
...   p.map(f, [1, 2, 3])
...
[1, 4, 9]
```

multiprocessing 和 threading 的差異　Column

支援產生執行緒的 threading 模組與 multiprocessing 模組皆提供平行處理的功能，但 threading 模組受限於 Global Interpreter Lock（以下稱 GIL），因此有一次只能執行一個執行緒的缺點。

所謂 GIL 就是不讓數個執行緒同時存取記憶體，確保一個直譯器只有一個執行緒的機制（不論 Python，多數 LL 語言都使用非執行緒安全的 C 語言模組，因此都採用 GIL）。

而 multiprocessing 模組即可迴避 GIL 最大限度，使用多個 CPU 或多核 CPU 資源。

subprocess

管理子行程

這裡介紹提供建立與管理子行程功能的 subprocess 模組，其可起始一個新的程序，利用管線針對程序標準輸出入、錯誤輸出進行接續，接著取得結束狀態。

執行子行程

執行子行程時可呼叫 subprocess.call() 方法。

使用 subprocess 執行指令

```
>>> import subprocess

傳入欲執行之指令以及參數列表
>>> result = subprocess.call(['echo', 'Hello World!'])
Hello World!
>>> result
0

若設定 shell=True, 則會通過 Shell 執行指令
這邊設定 "exit 1" 以異常終止 Shell
>>> result = subprocess.call(['exit 1'], shell=True)
>>> result
1
```

若執行方法，指令執行的結束狀態會被作為回傳值回傳 (正常結束的狀態為 0)。由於設定 shell=True 會經由 Shell 介面執行指令，雖然可使用 Shell 特有的豐富功能，但缺點是執行結果會相依於使用者的平台，因此在非必要的時候請避免設定 shell=True。

請注意在 subprocess.call() 中並無接收標準輸出的結果 (例如範例中的 'Hello World!'), 欲執行更高階的處理，請使用下面說明的 Popen。

若想在非正常結束時發出例外時，可以使用 subprocess.check_call() 方法。

子程序沒有正常結束時送出例外訊息

```
>>> subprocess.check_call(['exit 1'], shell=True)
Traceback (most recent call last):
  ...
subprocess.CalledProcessError: Command '['exit 1']' returned non-zero
exit status 1
```

subprocess.check_call() 方法會在子程序沒有正常結束時發出 CalledProcessError 的例外訊息。

取得子行程執行標準輸出的結果

欲執行較 subprocess.call() 高階的處裡，例如標準輸出入、錯誤輸出與值的交換等，可以使用 subprocess.Popen 類別。

傳入 Popen 的參數如下。

建立 Popen 類別實體時設定之參數

選項名稱	說明
args	以字串或序列方式設定執行之程式
stdin,stdout,stderr	設定標準輸出入以及標準錯誤輸出的檔案處理程序 (File Handler), 預設為 None
shell	設定為 True 時以 Shell 執行指令，預設為 False

若想傳遞資料給子行程的標準輸入，或從子行程的標準輸出、標準錯誤輸出取得資料，須個別設定 subprocess.PIPE 參數，該參數是用以對標準串流開啟管線的特殊值。

接收指令標準輸出的範例

```
>>> from subprocess import Popen, PIPE
>>> cmd = 'echo Hello World!'

建立子行程
>>> p = Popen(cmd, shell=True, stdout=PIPE, stderr=PIPE)
```

```
從標準輸出取得執行結果
>>> stdout_data, stderr_data = p.communicate()
>>> stdout_data
b'Hello World\n'
```

接收子行程標準輸出時使用 communicate()　Column

針對 subprocess 模組用以接收子行程標準輸出的方法，除了 communicate() 方法外，還有提供 stdout.read() 與 stderr.read() 方法。但使用 communicate() 以外的方法時，標準輸出的資料量會非常大，與造成 OS 的管線緩衝 (Pipe Buffer) 進入等待而死結 (Deadlock) 的問題。為了避免該死結問題，要接收子行程標準輸出時請使用 communicate()。

連結數個子行程取得最後結果

透過將指令以管線的方式連結，可讓子程序的輸出傳遞給其他子程序輸入接收的處理，具體而言就是前一個程序的輸出 (Popen.stdout) 會傳給下個程序的輸入 (stdin)。

子程序輸出作為其他子程序輸入的範例

```
>>> from subprocess import Popen, PIPE

建立第 1 個子程序 ( 輸出 Hello World!)
>>> cmd1 = 'echo Hello World!'
>>> p1 = Popen(cmd1, shell=True, stdout=PIPE, stderr=PIPE)

第 1 個子程序的輸出傳遞給第 2 個子程序作為輸入 ( 將接收之輸出轉為小寫 )
>>> cmd2 = 'tr "[:upper:]" "[:lower:]"'
>>> p2 = Popen(cmd2, shell=True, stdin=p1.stdout, stdout=PIPE, stderr=PIPE)

接收最後的結果
>>> stdout_data, stderr_data = p2.communicate()
>>> stdout_data
b'hello world!\n'
```

MEMO

Flag Publishing
http://www.flag.com.tw

Flag Publishing

http://www.flag.com.tw